繪 @ 李根政

台灣山林百年紀

李根政
地球公民基金會執行長

數百萬檜木和原始森林消失的真相是什麼？
無聲的台灣山林也需要轉型正義。

攝影 @ 傅志男

天下雜誌
觀念領先

台灣低海拔的闊葉林，如此繽紛美好！但各種威脅還在持續！

攝影 @ 李根政

種樹造林不一定是好事！錯誤的政策，造成數萬公頃森林的損失。

攝影 @ 何俊彥

難以計數的漂流木，河川上游山林的殘破。是不是該反思百年伐木？

攝影 © 傅志男

數千年的玉山圓柏和台灣高海拔的原始森林，躲過了大伐木時代。

攝影 @ 傅志男

台灣的山地，是生態永續，還是工程永續？政府和國人要一起想想。

攝影 @ 傅志男

關於台灣山林，有沒有你的夢想？人和森林，有沒有可能共存？

攝影 @ 李根政

在百年山林開發和氣候變遷的雙重威脅下，
山區的原住民族部落正面臨巨大的生存挑戰。

新好茶村已被土石流淹沒，連同這張家屋牆上的壁畫。 攝影 @ 李根政

目錄

第一部：大伐木時代與森林保護運動（1912-2003）⋯⋯⋯34

第三部：經濟林的再定位

台灣是我們共同的母親

Omi Wilang（歐蜜·偉浪）

@ 泰雅爾族民族議會秘書長

我成長在 Llyung Gogan（高崗流域，現大漢溪上游）的泰雅族 Pyaway（比亞外）部落。童年最愛爬一顆樹泰雅語叫 Tgbin（櫸木），因為枝條韌性極強不易折斷，於是部落孩童會選擇自己喜歡的枝幹，將身體大力左右搖動，在微風、鳥鳴、艷陽、加上快樂的童謠聲中，譜下我童年最美的記憶。長大後父親告訴我說，Tgbin（櫸木）的根部極其堅韌，主根可以在懸崖或是巨石縫中伸展到地底深處定立牢固的根基，即使遇狂風暴雨整顆樹木也不致被吹倒。

根政從前沈迷於藝術創作，描繪對象是樹木和田野，面對瞬間美麗的悸動與消失的哀愁同時，觸動內心思考著要為珍愛的大自然做些什麼？於是，25 歲熱血青年由金門來到熱帶邊緣的高雄逐夢。柴山和淺山地區多樣的樹木花草，深深吸引著根政年輕的心靈，而結連這份美麗的邂逅是因為愛上了一位熱情的高雄女子──怡賢。從相愛相知，感受南台灣熱情澎湃的人和土地，改變了自己並支持著根政從事社會運動最大的動力。

前一段敘述我童年時期與玩伴們悠遊自在沐浴在 Tgbin（櫸木）枝頭盡情歡唱、玩耍的情境，這種歡樂滿足的情景，如同根政初抵高雄隨性揮灑在畫紙與筆之間流動出清純的歡樂。30 歲之後放下畫筆投入環保運動。而我也在成長歲月中，了解父親告訴我那一段櫸木「根」的故事之後，才對週遭環境有了些許的理解。

詩人羅思容說：「找到萬事萬物

的根源，那個根源是什麼？有來自血緣的根、土地的根、宇宙自然的根源、文化的根源。人都有很多根源，如何回看、連結與根源同行，也許可以開出不同的路徑。」一位來自金門的年輕少年郎，能觸動他心弦的是南台灣的血桐葉、構樹、姑婆芋，樹木與藤蔓交纏的熱帶海岸林，而來自國境之南熱情的女子——怡賢招喚了他的心靈定居高雄。於是台灣的土地、高山、樹木、花草、溪流、海洋成了二位獻身服事的重要禾場。根政如同韋德・戴維斯在其著作《生命的尋路人》一書中所提：「那些只用自己那套單一文化典範來理解各種經驗的人，看到的世界只有單一色調。但對於那些用雙眼去看、用心去感受的人而言，這世界依舊保有豐富而複雜的心靈地貌。」閱讀根政所寫的這本書，看到他全面參與台灣近代各項重要的環保議題與運動。更看見作者對台灣地理與生物多樣性豐富的知識與獨特的見解。特別是與原住

民族建立了信任與情誼的關係，即使環境保護與原住民族權利相互衝突時，根政仍保持者更寬廣的胸襟、與敏銳又充滿睿智的心思，帶著溫暖的側隱之心理解原住民族的苦痛與無奈。

　　根政這本書紀錄著他個人對環境、土地與人民的愛與擁抱，在這麼多年投入社會運動中因為無私又單純的愛，使他的生命產生了豐富、多元的心靈地貌。從書中呈現他對山林樹木的愛與痛，這份糾結不清的情與愛，支撐著他不斷以行動表明他的心志與決心如同泰雅族聖山Papakwaqa（大霸尖山）一樣的堅定不移。當達悟族砍倒一顆樹木要製作家族拼板舟時，那一聲巨大的聲響，族人認為是樹撕裂般疼痛與吶喊，於是會聚集家族成員共同為這顆樹祈禱、安慰與感謝這顆樹木的心靈。在禱詞中懇求諒解與同意被我們家使用，讓樹木的身驅帶引家族捕獲更多飛魚餵養全家族人。大部份南島民族視大地為家族的一員，

那一份親密與互為肢體的觀念，常會在各族群神話故事、歌謠、舞蹈與禁忌中呈現。根政不是原住民族人，但他對台灣這塊土地及山林獨特的情與愛，以及對原住民族特殊的情誼，這份高度的認同與融入，已是台灣這塊土地共同的族人了。

泰雅族在每年 6 月左右會舉行「收割祭」，部落長老會通知各家準備小米做的麻糬，以及部落獵人獵捕的山豬，將他燒烤獻給天神。泰雅族有一個語彙叫 "Smyuk"，這個詞彙有雙層意涵，其一為「燒烤」和「翻起來」之意。另一層意義則是「回應」及「感恩」之意。根政這本書呈現並紀錄台灣環境的美麗與哀愁，許多重大的議題需要如燒烤的供品，反覆被翻動、激盪，毫

〈一樹成林的白榕〉，水墨。李根政，1996。

無條件全心投入付出的精神，如同基督宗教所說的：獻身為活祭，毫無條件地全心為環境大地付出一切。聖經以賽亞書 49 章 13 節：「諸天哪，應當歡呼！大地啊，應當快樂！眾山哪，應當發聲歌唱！因為耶和華已經安慰他的百姓，也要憐恤他困苦之民。」在世上我們可以追求使生命更加豐富的元素，這段經文和前面所談及的 Smyuk 燒化祭，唯獨將自己獻上成為活祭，將上帝賜給我們豐富的恩典，透過對台灣這塊土地的認同與委身，共享來自大地的奇妙與恩典。聖經記載雅各書 1 章 17 節：「各樣美善的恩賜各樣全備的賞賜，都是從上頭來的。」根政願意為台灣大地「獻身」的這條路，確實不是一條易路，真的需要傳教士「獻身」的精神才能夠產生持續性的動力。

台灣是我們共同的母親，有人說她是沈默的母親，其實原住民的古調是由台灣的山海、大地形塑而成，每一首古調詮釋著花東海岸的浪濤與美麗的稻穗；玉山群林的森濤訴說著族人及大地生命中的美麗與哀愁。台灣土地的芳香、清澈溪流與悅耳的鳥鳴及活躍的群象，再再述說著我們共同的母親——山海台灣。這本書用文字紀錄著山海母親美麗的容顏與心語，見證我們共同的母親深層的期望，期待她的兒女們以熱情的生命與真實的靈魂護衛山海母親的擔子。

根政寫這本書，如同我父親對所說的這一句話：「Tgbin（欅木）的根部極其堅韌，主根可以在懸崖或是巨石縫中伸展到地底深處定立牢固的根基，即使遇狂風暴雨整顆樹木也不致被吹倒。」誠心祝福根政生命的「根」立基在山海台灣更深的底部，任風吹雨打也不致於動搖。根政這本書在充滿普世歡慶的 12 月聖誕節來臨之前，獻給全國一個美好的聖誕禮物。讓我們的國家——台灣因著有妳、有我而充滿無限活潑、盼望的生命氣息。

繼《看見台灣》後，讓國人省思未來的路

楊國禎
@ 台灣生態學會理事長

我認識根政將近 20 年。

這是一位從金門來的國小老師，藝術創作者，擅長繪畫和書法。但從移居到高雄之後，開始參與在地的環保運動，1998 年在高雄市教師會創辦了生態教育中心，因緣際會，剛好碰上陳玉峯教授舉辦環境佈道師營隊，除了學習更協助辦理了多次營隊。

這個長達 8 天的密集課程，想要引導台灣各領域的人們，從台灣自然生態切入，深度探討自然情操、土地倫理。由此，根政一面學習植物生態，也更投入環境運動，其中，搶救棲蘭檜木林的運動，是開闊了他以全台灣為尺度的運動視野的重要起點。

在他就讀靜宜大學生態學研究所的期間，我和他有許多一起工作的機會。包括調查阿里山國家風景區的植物生態，勘查研究湖山水庫和濁水溪流域的環境課題，後來，他寫了一本《誰把河川擰乾了》，深刻討論了台塑六輕和雲林水資源。

針對 1996 年賀伯颱風後，政府推出的全民造林，毀林近 4 萬公頃。我和他一起調查屏東滿洲的伐木案件，引爆了假造林真砍樹，在林盛豐政務委員的積極協調下，由行政院長游錫堃喊停，可以說是近年來保護森林運動很重要的成果；此外，本書中提到的伐木養菇調查，以及地球公民基金會正持續追礦業議題，也很值得國人關注。

在繁忙的研究所學業和運動中，2003 年他還協助台灣生態學會的創立，擔任首任祕書長；2005 年成為可能是史上最年輕的環保署環評委

員，和詹順貴律師、文魯彬先生等環保人士，一起翻轉或挑戰了許多著名的開發案，例如台塑煉鋼廠、中科三期、國光石化等等。當年，許多財團刻意不送件，就是在等這屆委員卸任，民進黨政府甚至出面施壓，指控 6,000 億的投資都卡在環評，這屆環評委員會的組成和作為很可能是空前絕後，其中，促成環評書件的全面公開，是較少為人知的重要改革。

環評委員卸任，他宣布辭去教職，和高雄的一群伙伴創辦了地球公民協會，之後轉型為基金會。這期間，根政還被公共電視邀請擔任有話好說南部開講的主持人，為環境和社會正義發聲。

由於，這些跨領域豐富的歷練，讓根政練就了在體制內外折衝的能力，至今持續發光發熱。

這本書是從百年來日治到國府的大伐木，到當前森林政策的轉型討論，以宏觀的視野讓國人可以一窺在日治「農業台灣、工業日本」、國府由最初「建立反共復國基地與跳板」，繼之「以農林培養工商」政策下，台灣在求生存發展中，摧毀了原始森林和土地環境付出慘痛代價。

這是繼 2013 年齊柏林導演的《看見台灣》後，讓國人省思未來的路。

做為一個亦師亦友的長輩，很高興看到一位基層教師，從自己的生活出發，一步步學習擴大對整體環境運作的視野，並付出行動關懷社會。這樣的成長歷程，堪稱台灣社會的典範和指標，提醒每一個平凡的個人，都可以發揮一己之力貢獻社會。

期待根政的生命歷程，可以啟發更多的人們採取行動，給這塊土地帶來光、熱與希望。

攝影＠李根政

前言

之一

這本書的出版機緣，是來自參政的挫敗。2016 年，我促成了綠黨、社會民主黨共組聯盟，並代表參選不分區立委，大選結果得到 308,000 多張政黨票，沒有跨過 5％的門檻，無緣進入國會；在此之前也拒絕了民進黨擔任不分區立委的邀請。選後，回顧了最想做的幾件事，其中之一就是要寫這本書，可以說這是自己參政運動挫敗所產生的意外動力。

許多朋友總是問我，為什麼在環保運動這條路上堅持至今？

在 30 歲之前，我沈迷於藝術創作，最常描繪的對象是樹木和田野，也只有在那裡，我可以得到真正的休息和放鬆。有一次在古寧頭雙鯉湖畔寫生結束前，把自己的畫作放在草地上，突然覺得色彩、紋理都無比的蒼白和貧乏，我那時明白，即使窮盡一生也無法形容大自然的美妙於億萬分之一。二方面，那段期間，常常眼睜睜看著描繪的對象消失，因此內心萌動著，是要持續這樣畫著遺照，或者為珍愛的大自然做點什麼？也許是這樣的初心吧！

1993 年，和 400 年來許多漢人渡台的路徑類似，我從金門渡過黑水溝來到台灣定居。從一個只有木麻黃和少數原生植物的戰爭島嶼，來到熱帶邊緣的高雄，因為受到柴山保護運動的啟蒙，開始參與環保運動。至今，柴山和淺山地區最常見的樹木，例如圓盾狀的血桐葉，徽章般美麗的構樹葉，粗狀亮綠的姑婆芋，樹木與藤蔓交纏的熱帶海岸林，隨時散發著無比的生命力，仍然深深地吸引我。

而這些善緣連結的起點，是因

為我愛上了一個熱情的高雄女子——怡賢，20多年來我們相愛相知，讓我得以浸染南台灣熱情澎湃的人和土地，改變原本多愁善感的性格，支持著我從事社會運動。這是我和福爾摩莎最深的緣份。在思考辭去教職時，她就說：「要做，就要確認自己沒有為這個社會犧牲的感覺，如果有，那就表示還沒準備好。」

30歲之後，我放下畫筆從事環保運動；40歲那年，我辭去教職，和高雄的一群伙伴創立了地球公民協會。進入50歲之後，回望這20年來，有幸和愛鄉愛土的有識之士，為台灣的環境奮戰，在許多議題和場域深受許多師長的啟蒙和幫助，更有同儕和晚輩的協力同行，這份恩情實在難以一一言表。寫這本書的心情，我想起了哪吒剔肉還母，剔骨還父的故事，有點像是剝盡自己在這方面的所知交付社會，藉以感謝恩情。二方面，人生尚有許多大課題，想要自由自在地往下半輩子前行。

台灣的森林、野生植物是浩瀚的綠海，取之不盡的創作題材，更是生活和洗滌心靈的良伴，我的夢想是：台灣的天然林獲得良好的保護，山區人們的產業、自然資源的利用得以與森林共存；都會鄉鎮裡的公園綠地打造成在地植物的森林；園藝店裡培育販售各種台灣原生植物，不必強調珍貴稀有；藝術家、文學家、花藝愛好者充分了解台灣植物之美，廣泛地創作，和土地建立起深刻的連結，也豐富美化人們的家居生活。

而個人的小私心是，希望有一天，我可以實現一個夢想，重拾畫筆，畫一片森林，表達我的敬意。

之二

台灣的山地占國土面積7成，在越來越極端的氣候條件下，山崩土石流、洪災都成了新常態，2,300萬人賴以生存的水資源，山區聚落和原住民族的傳承發展都面臨了極大的挑戰。

2005 年海棠颱風之後，我在台北坐上計程車，司機阿伯操著外省口音開口便罵：「都是陳水扁啦！害我們被『水扁』得這麼慘！以前二位蔣總統時代都沒有可怕的土石流……。」2009 年莫拉克風災之後，我在南台灣的海邊、河岸、山區和聚落，看到數不清的漂流木；山區災民的流離死傷，原住民遷村之議沸騰……。

這是老天爺──氣候變遷的錯？或者誰之過？

台灣島約在 250 萬年前浮出水面，屹立於太平洋，至今漫長的 98% 光陰是野生動植物的自然世界；直到舊石器時代，距今約 5 萬年前才開始有少數人類在海邊定居，7、8 千年前，現今原住民的祖先陸續來到，過著採集、狩獵及自然農耕的生活，這是西方人眼中美麗之島、福爾摩莎的原型。

400 多年前，漢人帶來了集約農耕文明、貨幣交易，荷蘭、鄭氏王朝帶來了專制政權，平原地區的開發從此展開；100 多年前，日本帝國帶來了西方的科技文明，原住民族被武力征服，開啟大伐木時代；半世紀前，國府延續日本統治，加速了工業化的腳步，犧牲了山川土地、空氣，成就了經濟奇蹟。

如果我們以自然史的時間尺度來看，這短暫的文明開拓史僅佔台灣島的萬分之一，但卻產生了滅絕式的影響。

我們歌頌著「披荊斬棘、以啟山林」的價值觀，視水、土為取之不盡用之不竭之資源，在近半世紀水土災難之後，各種「永續工程」，則創造源源不斷的政商利益集團，不僅浪費公帑，也無助於減災。

森林是水之源，平原地帶的農業灌溉、民生用水、工業用水都依賴它。砍伐原始森林付出的代價，幾乎難以彌補，要靠數個世紀的努力，而且要用對的方法。近年來山林復育似乎已成社會主流意識，但怎麼做並沒有簡單的答案。

適逢台灣第 3 次政黨輪替，山

林政策正在轉型，林務局也同時完成了第4次森林調查，在這個重要的歷史關口，極須社會共同為無聲的山林和山區住民一起思考出路。大伐木時代的歷史不應遺忘，傷痕應該努力撫平；不會講話的台灣森林，也需要轉型正義。

　　筆者並非歷史專家，這本書試圖以一個環保運動者的角度，側重於我所經歷的時代和親身參與的事件，把與政府高度衝突的經驗，做一個梳理報告，希望影響更多人士對山林問題有系統化的了解，作為社會對話的基礎。

　　2年來，越寫越覺得自己的不足，好比在畫幅畫，單是勾勒輪廓就困難重重，但回想起在演講場合，許多人聽完後都熱切說著：「這些事情不是應該放入教科書，成為人民的通識嗎？」於是就這樣繼續硬著頭皮寫下去。

　　山林沒有簡單的答案，希望這本書，可以開啟台灣山林政策的新一波討論。

攝影 @ 李根政

致謝及篇章說明

1993 年，我從故鄉金門移居高雄，隔年和老婆李怡賢一起參與了柴山自然公園促進會第二期解說員訓練，從此轉變了人生的方向。在此之前，我是一個熱愛藝術創作、喜歡賞鳥拍鳥的國小老師。因為參與了柴山保護運動，從中學習高雄的人文歷史和生態知識，漸漸產生高雄人認同，初識非營利組織的運作。期間受到黃文龍醫師、作家吳錦發、洪田浚、王家祥等前輩的啟蒙，開始成為台灣社會運動——公民社會的一員。

1998 年 6 月，高雄市教師會張輝山理事長的鼓動下，我和一群長期在柴山自然公園促進會的義工——傅志男、林蕙姿、李怡賢等同為基層教師的伙伴，在教師會成立了「生態教育中心」。當時並沒有偉大的願景，甚至沒有明確的關注方向，靠的僅是一股對保護環境的熱情，便開始投入環保運動，關注的領域非常多元，包括校園生態教育、柴山和公園綠地、美濃水庫、有害事業廢棄物、海灘廢棄物監測、焚化爐、動物保護等，並在這些運動裡得到許多的養分。

同年 8 月，由於教師會張輝山理事長的引介，我和伙伴們參與了陳玉峯教授第 2 梯次的「環境佈道師」營隊，課程包括了「台灣自然史」、「土地開拓史」、「土地倫理」等，這是我最重要的山林知識和意識啟蒙。同一時間，陳教授及保育團體正如火如荼地推動「搶救檜木林運動」、「馬告檜木國家公園」。從此，我成為團隊的一分子，也是創作這本書的起源。

20 幾年來，我走過許多被污染的大地、殘破的山林，投入一場又一場的環保運動，一個新移民漸漸產生了與土地深刻的鏈結，更深刻體會到喚起台灣人對生態環境的關注，可以超越黨派、族群、世代，讓彼此形成一個生命共同體。

這本書是跨越 20 年的行動報

告，因為在每個階段要感謝的人很多，我在下面分別說明。

2001-2003 年間，我就讀靜宜大學生態所，以催生馬告（棲蘭）檜木國家公園寫成了碩士論文，陳教授正是我的指導教授。第一篇大伐木時代與森林運動，就是以我的碩士論文為基礎，重新增補剪裁撰寫，可以說是個人追探前輩的觀點，反芻後的讀書心得。

其中，有關日治時代，以及戰後國府的森林政策，是以政府出版品和資料為基礎所撰寫；解嚴之後森林保護運動的初聲，則參考了賴春標先生在《人間》雜誌、報紙的報導，還有從未謀面的李剛先生書寫的《悲泣的森林》等前輩們的紀錄。關於日治至國府林業史的描述，是在有限的資料中，試圖勾勒一個輪廓和骨架。由於尺度很大，僅依賴少數官方出版品及統計，尚不足以成為嚴謹的史學，可以說是個人拋磚引玉的讀書報告；有關搶救棲蘭檜木林——催生馬告檜木國家公園運動，則是我親身參與的梳理和紀錄。作為一個環保運動者，當然重視事實和真相的探求，然而，個人並無能力身兼學術研究與組織倡議，因而誠實地交代此背景。

這個階段的運動，要特別感謝陳玉峯教授、黃文龍醫師、楊國禎副教授、蘇振輝董事長、張輝山老師、陳銘彬老師、楊博名總經理、田秋堇女士、阿棟・優帕斯牧師；及高雄市教師會、全國教師會，我的山林行動是來自他們的啟蒙、協力和支持。另外，林聖崇前輩、朱增宏先生則是我在社運和國會工作重要的學習對象。

2002 年，在推動馬告檜木國家公園陷入膠著狀態時，高雄市教師會生態教育中心邀請楊國禎副教授導覽浸水營古道，我和伙伴看到了全民造林運動執行的案例，開始持續調查造林政策、伐木養菇，並以一連串記者會、公聽會等行動，與政府進行交涉等至今，這是第二部：造林，以國土保安之名的森林毀壞

的緣由。

這段期間，特別要感謝楊國禎副教授在植物生態和調查的專業協力，高雄市教師會執行祕書林岱瑾小姐，義工柯耀源先生，李怡賢老師、傅志男老師等基層教師，是調查和行動主要的伙伴；花東的調查特別要感謝董藹光老師、潘富哲老師的協助；台北的記者會及行動，多次由廖明睿先生、廖本全先生，以及台北大學地政系的同學們協助。這些行動，一直延續到地球公民協會（基金會），專職楊俊朗、袁庭堯等同事的陸續加入協力。

2016 年民進黨第 2 次執政，農委會宣布了天然林禁伐、里山倡議、森林認證 3 大政策。林務局開始推動台灣的新林業，試圖以經營人工林、供應國產材，提升木材自給率。我和地球公民基金會黃瑋隆、潘怡庭、吳其融等同事實地參訪森林認證的工廠和林地，探討台灣永續性的木材生產的課題，這構成了第三部：台灣經濟林的再定位的內容。

88 風災重創南台灣後，我和伙伴除了記錄災難外，這幾年也陸續訪查民間人士，原住民部落打破了傳統「種樹」的框架，嘗試從生態學、在地知識出發，進行復育山林。這些讓人感動的案例，都非台灣主流社會所知，卻是山林復育、森林重生的力量，值得有心從事森林復育的各界參考。同時，我回溯了過去行腳的山區部落、水土保持工程，思考什麼是山林復育，構成第四部：重生——山林復育之夢，這段期間的考察，有賴同事楊俊朗、薛淑文、呂翊齊專員、好友傅志男老師提供協助。

這 20 年來，除了這麼多的師長前輩、同儕和晚輩的啟蒙和協力，要特別感謝高雄市教師會、全國教師會、台灣生態學會、地球公民基金會等組織，以及過程中許許多多出錢出力參與行動的人們。如果森林的議題有所前進，正是這些社會力的集體貢獻。

第一部：
大伐木時代
與森林保護運動
（1912-2003）

數百萬棵檜木和原始森林消失的真相是什麼？
無聲的台灣山林也需要轉型正義。
從 1912 年阿里山森林鐵路通車的那一刻，
直到 1991 年政府宣示全面禁伐天然林，
台灣歷時 80 年的大伐木時代才算結束。
這是台灣人最該知道的歷史反省，教科書失落的大塊。
在這時代中，1988 年台灣人第一次走上街頭，
要求保護原始森林，整頓林政弊端；
10 年之後，1998 年保育人士再度發起搶救棲蘭檜木林運動，
徹底終結了台灣百年官營的伐木事業。
這段歷史帶給我們什麼省思？又留下什麼待解的習題？

攝影 @ 李根政

第一章
我所知道的大伐木時代

阿里山森林，日本人調查針闊葉樹將近150萬棵，其中巨大的紅檜和扁柏共約30萬8千多棵，台灣杉則有5,000多棵。

歷經日治和國府的砍伐，如今只剩下慈雲

「篳路襤褸，以啟山林」這是著名的民歌——〈美麗島〉的歌詞，以漢人的角度描述著祖先來台辛苦求生存的過程，而換得的是水牛、稻米、香蕉、玉蘭花……

原句出自連橫在 1920 年出版的《台灣通史卷八賦田志》，前後文是：臺灣為海上荒土，其田皆民之所自墾也，手耒耜，腰刀槍，以與生番猛獸相爭逐。篳路襤褸，以啟山林，用能宏大其族，至於今是賴。艱難締造之功，亦良苦矣。當明之世，漳、泉地狹，民去其鄉，以拓殖南洋，而至臺灣者亦夥。山林未伐，瘴毒披猖，居者輒病死，不得歸，故有「埋冤」之名。

我們可以說這是 400 年來漢人的史觀，開拓者的單一視角。在這樣的史觀下，原始森林、未開拓的野地，皆是荒土。原住民被稱為生番，與猛獸並列，皆為開拓者的敵人。早已生長在這塊土地上的原住民，想必不能接受；如果山林有聲、樹有靈，它們也不會同意，這是我常常一邊跟著吟唱，卻又帶著強烈不安的原因。21 世紀的今天，顯然必須重新反省。

寺和香林國小旁數十
棵檜木巨樹。畫面中
前方明顯高出闊葉
樹，顏色較淡著即為
檜木，後方整片整齊
的尖塔狀樹木，大都
是後來人工造林——
柳杉。

攝影 @ 傅志男

　　我所指稱的大伐木時代，是指從日治到國府治台期間，
由政府主導、大規模計畫性砍伐原始森林，取得木材的時
代。從 1912 年阿里山森林鐵路開通，到 1991 年國府宣布
全面禁伐天然林，這導致了台灣原始森林的淪亡。有關在
荷蘭、鄭氏、清國時期為增加耕地而伐木，乃至伐樟取腦，
並未在本書探討範圍。

大伐木時代是台灣開發史上重要的一頁,但由於伐木的歷史並不光采,林業單位和學界常以避重就輕,甚至美化的方式陳述這段歷史,教科書上也從未記載,相關的學術討論很少進入公眾的視野,因而幾乎被國人所遺忘。

在從事環保運動之初,閱讀相關史料,對於百年來原始森林遭到盲目的濫伐,總是有著強烈的悲傷和憤怒。在1991 年大伐木時代結束近 30 年之後,我們能夠調整心情,以寬容的姿態,重新面對這段歷史嗎?這是我在書寫時的內心交戰。

我認為台灣山林也需要「轉型正義」,但其追求的目標或許不在於追究法律責任,而是釐清大伐木時代從決策到執行面的歷史真相,讓國人及後代子孫了解台灣過去失去了什麼?造成什麼影響?現在及未來如何修補?期待這個歷史反省,讓國人和山林土地真正有了連結,反映於生活、

當年,這是像這樣的運材車,從深山裡把原木運載到平地。宜蘭土場。

攝影 @ 李根政

台灣原始森林中的大樟樹，曾經調查出每一棵樟樹平均材積高達 7-8 立方公尺，幾乎和扁柏相當。這是1998 在六龜扇平所拍攝的大樟樹。
攝影 @ 李根政

產業、政策、價值倫理等層面的真正本土化，尋求安身立命之道。

日治時代，開啟伐木事業（1912–1945）

　　台灣的森林從低海拔闊葉林到高海拔的針葉林，呈現了亞熱帶到溫帶豐富多元的植物樣貌。400 多年來漢人開發的腳步，依序從平原開墾農田、淺山取得薪炭材，低海拔山區到砍伐樟木取製樟腦。但是，要到中海拔的深山裡

採伐針葉樹需要大量資本，也要面對原住民的抵抗，這要從日本治台建立統治基礎開始啟動。

　　1895 年，台灣由清國割讓給日本，為了新殖民地豐沛的資源，總督府設立了殖產部，其中拓殖課掌管山林開墾和樟腦製造，林務課則管理林業。

　　日治台灣總督府以詳實的山林資源調查為基礎，從 1903 年至 1930 年間，共進行了全島 27 次的調查，占全島面積 70％，1925 年實施「森林計畫事業」，限制原住民生活範圍，把原住民生活圈以外的山林野地，編訂了伐木事業區，讓日資企業得以長驅直入台灣深山，砍伐珍貴的森林。

　　1912 年，阿里山區第一列運材車自 2 萬坪開出，自此，台灣存在百萬年的原始檜木林開始遭到慘烈的砍伐，漸次淪亡。根據日本時代的調查，阿里山原始森林中，巨大的紅檜和扁柏共約 30 萬 8 千多棵，台灣杉則有 5 千多棵（註 1、p.72 表 1），如今，在日治和國府 2 個政權的接連砍伐後，只剩下慈雲寺和香林國小旁數十棵檜木巨樹，供後人遙想當年的壯麗美林。而日本人所建的 1 座樹靈塔，則見證了當年倒下的檜木巨靈如何令人敬畏。

　　1942 年（昭和 17 年）官營的阿里山、八仙山、太平山伐木林場移讓「臺灣拓殖株式會社」；大元山、太魯閣林場等伐木業務則轉由南邦株式會社經營，這些由總督府和軍部支持的「國策企業」，專司伐木，不需造林，供應台灣島內軍需，到 1945 年終戰為止，這 3、4 年之間木材

產業達到高峰，根據相關的記載，那期間的伐木由於缺乏行政監督，濫伐嚴重，日治時期台灣森林之耗損乃於此期為最鉅。

日治時代是從 1922 年之後，台灣總督府殖產局設定木材價格計算公式後，才開始有正式的統計數字。根據日治台灣總督府殖產局出版之《台灣林業統計》、台灣省林產管理局查編織《林業統計補充提要》綜合了 1922–1945 年的林業統計（p.73 表 2），到 1945 年日本結束殖民統治，伐木總量為 2,596 萬 2 千立方公尺。

在林業統計中，將森林砍伐後的用途進行分類，做為建築、工程、傢俱等的木材，被稱為「一般用材」；熬製樟腦稱「樟腦用材」；做為燃料者歸類為「炭薪材」，分析日治伐木的種類和用途，重點如下：

一、日治政府伐木總量超過半數的伐木是做為炭薪材，在多數的年份高達 5 成以上，最高竟接近 8 成，伐木的對象是闊葉樹。

二、有四分之一是從闊葉樹取得木材，包括了製作樟腦的之用，共約 635 萬立方公尺。1918 到 1924 年間，日本政府在台灣全島進行樟樹的調查，清查面積 72 萬公頃，動員 30 幾萬人，揭露了分布於海拔 1500 公尺以下的樟樹，共有 180 萬餘棵，這些樟樹在往後的 20、30 年間被有計畫的砍伐，製成樟腦，台灣成為樟腦王國（註 2）。實際上是「樟樹亡國」，台灣損失了絕大部分野生的樟樹。

三、日本人在阿里山、八仙山、太平山等 3 大林場，

主要是砍伐檜木等高價的針葉樹，材積 620 萬立方公尺，約占日治總伐量的四分之一。在姚鶴年主編的《中華民國臺灣森林志》中，日治時代阿里山砍伐 346 萬 9,930 立方公尺、太平山砍伐 200 萬 9,979 立方公尺、八仙山 115 萬 233 立方公尺，總計 3 大林場共砍伐森林約 18,432 公頃、材積約 663 萬立方公尺，平均每年伐木 20 萬立方公尺左右，這 2 個數字很接近。

四、日治時期伐木的最高峰在 1940–1943 年，年伐量高達 174–187 萬立方公尺之間。

在第一次世界大戰（1914–1918），以及 1943 年太平洋戰爭時期，因日本國內需求、軍需使用，有嚴重濫伐的問題。

日治政府在台灣的伐木事業，以完整的土地和森林資源調查為本，編定森林計畫、畫分事業區，區分了官方要保留經營的「要存置林野」；可以放領給民間的「不要存置林野」；以及原住民保留地的前身「準要存置林野」，還有畫設保安、設立林業試驗所、大學試驗林等等。奠下一個政權全面治理台灣山林的基礎，國民黨政府來台之後，幾乎全面延續了日治時期的制度。

台灣山區的原住民族，生活上高度仰賴著森林，然而從日治時期開始的森林調查、開路、伐木、採礦等開發活動，往往侵犯原住民的生活領域，日治政府屢屢發動戰爭，以暴力壓制原住民的抵抗，才得以完全掌控台灣的山地，當我們在探討原住民轉型正義的當下，應該重新檢視

從日治以來的山林政策，並做出歷史反省（註3）。

國民政府，耗竭式的森林砍伐（1945-1991）

1945 年日本政府向同盟國無條件投降，結束在台 50 年的殖民統治後，當年 12 月，隸屬台灣省行政長官公署農林處的林務局正式成立，接管日治時代農商局山林課業務，接收了臺灣總督府和資本家經營的高價、高蓄積量針葉林區（檜木），從事直營伐木生產木材；而民營的伐木事業則以經濟炭薪材的闊葉林區為主（註4）。

林務局經數度更名改組，一度稱林產管理局，當年主要經營阿里山、太平山、八仙山（含大雪山）、竹東、巒大山、太魯閣等六處林場，另外，還有東部由紙業公司經營的林田山林場，花蓮縣政府經營的木瓜山林場。依據林產局在 1954 年的業務實況預測可繼續經營年數是：阿里山 8 年、太平山 25 年、八仙山 75 年、竹東 10 年、巒大山 8 年、太魯閣 26 年（註5）。

在「以農林培植工商業」的國家政策背景下，林業單位除了運用日治時期原有的伐木鐵路、索道，更開闢新的卡車運材道路，將全台灣劃分為 13 個林區，砍伐原始森林（見 p.44 圖 1）。

1956 年厲行「多伐木、多造林、多繳庫」之三多林政。

1958 年公布台灣林業經營方針，下令「全省之天然林，除留供研究、觀察或風景之用者，檜木以 80 年為清理期限，其餘以 40 年為清理期，分期改造為優良之森林。」

圖1：台灣省林區土地利用及林型圖

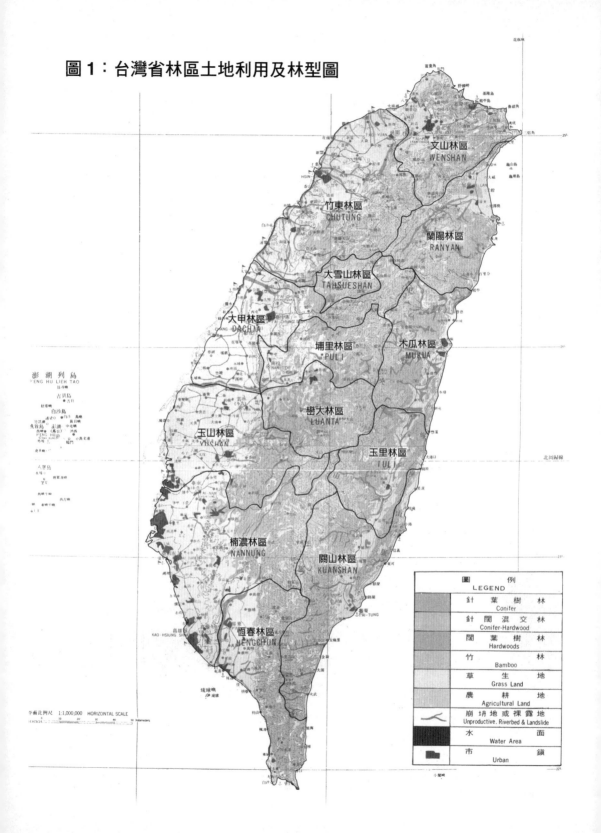

1959 年森林國策：為提高森林之經濟價值，現有天然林，應在恆續生產原則下，儘速開發，改造為經濟價值最高之森林。——臺灣林業政策第 3 條

按照這套森林政策，全台灣所有的原始森林都要進行木材生產，砍光後，改造為市場價值較高的「優良森林」，就可以不間斷地生產木材，進行「永續營林」。依照規畫，把原始檜木砍光，再種小檜木，等到 80 年就可以砍伐收穫一次，其他樹種則為 40 年，這就是林業經營所說的「輪伐期」。

根據 1978 年第二次森林調查，當時全台的森林地 186 萬 4,700 公頃中，做為生產木材的林地高達 178 萬 6,500 公頃，非生產林地僅 7 萬 8,200 公頃。也就是全台有 96％的森林都用來生產砍伐木材，占全台面積的 50％（註 6）。

如果當年的政策徹底執行，現今的台灣可能不存在任何原始森林。

這個時代的伐木事業弊端叢生，即使從林業經營角度來看也是效率極糟。1949 年監察委員柴峰在視察林業之後，曾在報紙寫文章痛陳：日治時代整個森林機構只用 600 人，400 人為森林專家，但當年國府成立的林產局竟任用了 9,000 人，而專家無幾，造林和出材工作低落。而相較日治時代，用人浮濫程度相當驚人（註 7）。

此外，貪腐、盜伐亦層出不窮，直達林務高層。1956 年警方調查出一起涉及軍事、行政、教育與民間木材公會

等 78 個組織機關，共計 183 筆帳的貪污事件，本案震驚社會，林管局長皮作瓊因而被解職（註 8）。同年，徵信新聞社報導林產管理局總收入 3 億 4 千餘萬元，核定總庫盈餘 6,150 萬元；1957 年 3 月 12 日的的社論描述著當時的伐木犯罪情形：單在最近 5 年間，本省所發生的林業刑事案件，即達 4,000–5,000 之多，其中違反森林法者，也達 1,000 餘件，凡較大案件，幾皆與林業管理人員有關（註 9）。

在這樣的背景下，**1958 年，台灣的伐木材積量首度超過 100 萬立方公尺，但由於大雪山林道、橫貫公路開發處都加入伐木，竟導致供過於求，市價一落千丈！**宜蘭的木材商李武平先生，曾經在報紙投書描述了當時木材賤賣的慘狀：「針一級原木（檜木）每立方米標售價為新台幣 1,000 元，闊葉樹原木（雜木）每立方米為新台幣 300 元（不足生產費用），檜木原木及製品只得便宜地外銷日本，任人宰割，整船的木材只能換回幾隻貨櫃的日本電器用品，浪費國家資源甚鉅」（註 10）。

而在隔年，台灣發生了史無前例慘重的「87 水災」，受災面積達 1,365 平方公里，受災居民達 30 餘萬人，死亡人數達 667 人，失蹤者 408 人，受傷者 942 人，房屋全倒 2 萬 7,466 間，半倒 1 萬 8,303 間。農田受損 13 餘萬公頃，總損失台幣 37 億元，約是前一年國民所得總值 12％。接著，次年又發生「81 水災」，1963 年「葛樂禮颱風」，又引起大水災，此時社會輿論已有檢討大伐木的聲音。

面對災難，政府開始投下鉅資辦理治山防洪的工程。

87 水災後，1961 年國府在農林廳成立了山地農牧局，即水土保持局之前身，主管山坡地的開發利用與水土保持，雖名為「水土保持」，實則為確保山坡地農牧使用不斷進行的「永續工程」，開農路、產業道路，做野溪整治、攔砂壩等工程永遠做不完，不僅無法無法解決水土流失的問題，反而使得台灣的山坡地災難加劇。

同時，矛盾的是，林業單位仍然不斷提高伐木量。根據學者的描述：由 1965 到 1975 年間，每年平均伐木 1 萬 7,940 公頃，材積平均達 1,55 萬 2,600 立方公尺。其中又以 1972 年的 179 萬立方公尺為最高峰，而且在伐採的地點及數量上，並無比較嚴格的限制（註 11）。

珍貴的原始森林，當然禁不起這樣耗竭式的砍伐，台灣的伐木事業從此開始步入下坡，即使政府核准的伐木量在 70 年代仍維持每年 100 萬立方公尺，80 年代甚至提高到每年 150 萬立方公尺，但實際的伐木量則逐年遞減。

例如：八仙山林場，跨台中和苗栗兩縣，包括大甲溪和大安溪流域之南北山地，國府新闢大雪山事業區，依農復會 1956 年臺灣全島森林資源調查統計所得，如以每年伐木 5 萬立方公尺，估計砍伐可達 100 年以上，當時的林業專家樂觀的說：如能一面伐採、一面於跡地造林，當可永久作業（註 12）。

1959 年，花費鉅資引進美國的最新技術，首創以大卡車運材、完全機械化經營，但到 1973 年就經營不下去，行政院核定大雪山林業公司裁併入林務局，12 月底結束公

司營運。大雪山林場原本以為森林資源可開採 70 至 80 年，但只花了 20 年就已枯竭，這是台灣森林工業化完全失敗的指標。

整個伐木時代進入尾聲的主要原因是：有價值的原始檜木林都已砍伐殆盡，而人工林幾乎完全沒有市場價值。

然而，檜木林所在的地區，正是台灣最潮溼、降雨量最高的霧林帶。阿里山森林是八掌溪、濁水溪的上游；大平山森林則是蘭陽溪、大濁水溪（立霧溪）的上游；八仙山是大甲溪、大安溪的上游。失去原始森林覆蓋的台灣高山，無法滯留瞬間的大量洪水，水土的流失非常驚人。

伐木作業對水土保持另一巨大破壞來自開路。為了大規模砍伐深山林區的檜木林，炸山挖壁、推土石入河谷。

87、81 和葛樂禮颱風之後，輿論喧騰，政府責成林務局會同有關機關及台大、中興大學於 1963 年進行調查，對崩坍因素加入分析，結果顯示，以溪流沖蝕、地表逕流、開路為主要原因。例如：蘭陽溪因開路引起的坍方占42%，曾文溪溪流沖蝕崩山占崩山體積 44%以上。這些都與森林砍伐脫不了關係（註 13）。

1975 年，行政院長蔣經國指示：森林乃台灣之生命線，如繼續容許過量採伐，其影響之嚴重將無法估計，林務人員應有此認識；又，蘭陽、嘉南地區之水患，與以往森林之大量砍伐影響水土保持有關（註 14）。但大規模的伐木仍舊持續。

1981 年全台灣的林道計有 285 條，總長達 3,682 公里，

**相當於中山高速公路的十幾倍長，林道密度為每公頃 1.98
公尺。**從台灣第二次森林調查所附的林道地圖，可以看到
當年的伐木道路，從北到南、由西至東，從平原、淺山深
入中央山脈的心臟地帶，幾乎直抵現今所有大山頂峰的週
邊（見 p.50 圖 2）。

　　林道所到之處山崖崩落，水土破壞，森林消失！而隨
後建造的中橫、新中橫等高山道路，工程所到之處，一樣
崩塌處處，山坡地滿目瘡痍。完工之後，一遇大雨，路基
流失，政府不斷投入經費進行整修，就像無底洞一樣。以
中橫公路為例，在 1999 年因 921 大地震坍塌，2004 年修
復通車前夕，敏督利颱風又再度山崩摧毀道路，至今難以
修復。

　　國府時代的伐木，幾乎都採取了「皆伐」作業，就是
整片森林不分對象全面的砍伐，甚至連樹頭也挖除，這一
連串耗竭式的伐木政策，鑄下台灣原始森林全面淪亡的悲
劇，埋下難以收拾的國土災難。

　　在大伐木時代結束近 30 年之間，山崩土石流已成為
台灣山區新常態，但原始森林破壞所造成的影響，卻很少
在政府政策、學界中回溯探討，這是非常嚴重的短視和不
科學。

　　**1974 年，林務局最賺錢的那年，盈餘是 13 億元，但
數百、數千年才得以成材的紅檜、扁柏幾乎被洗劫一空，
伐木之後對於水土保持、水患、造林復舊、水庫積砂，外
加極端氣候的威脅下，額外要付出的成本是多少？這筆帳**

圖2：1978年 台灣伐木道路分布圖

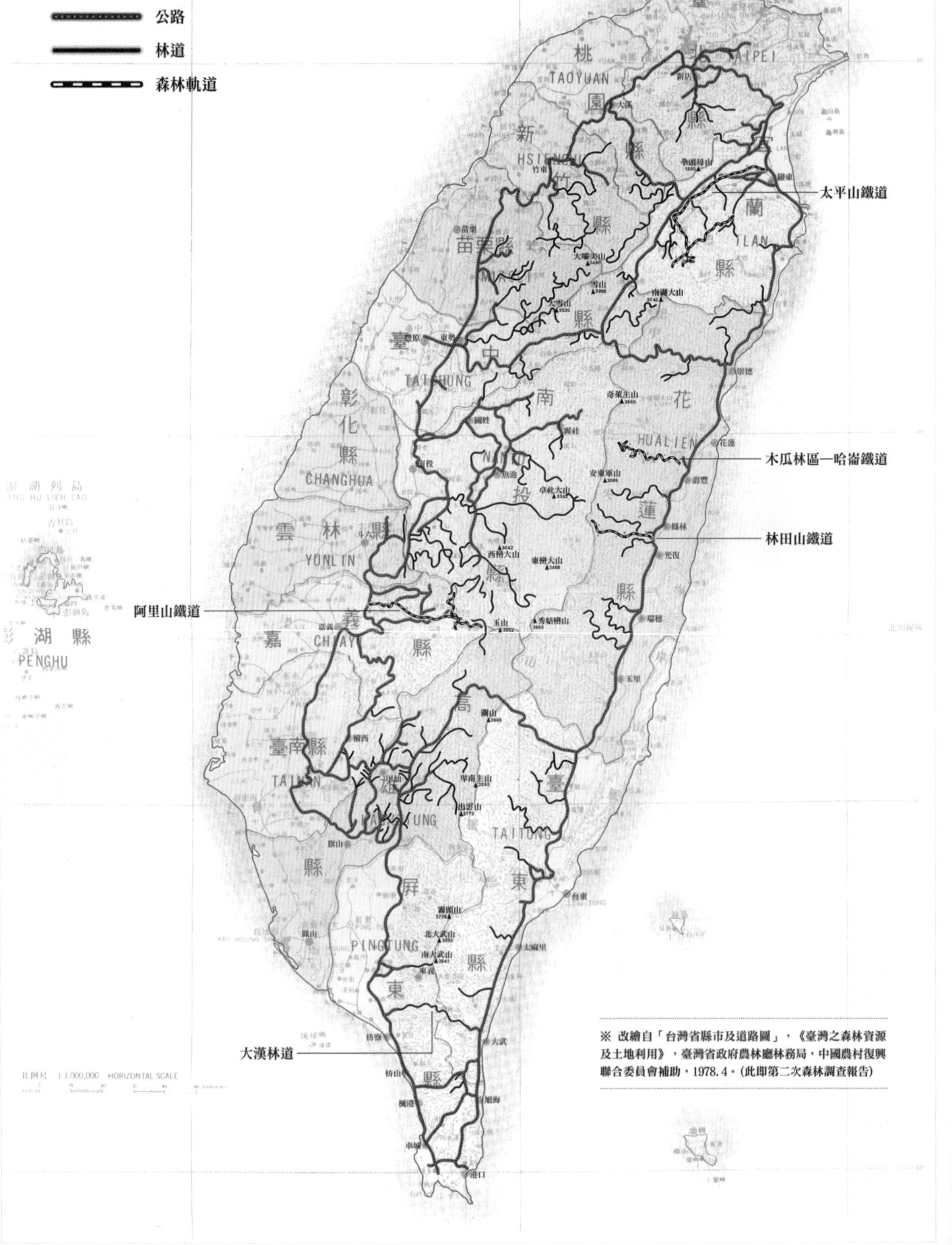

- ━━━ 公路
- ━━━ 林道
- ━━━ 森林軌道

太平山鐵道

木瓜林區─哈崙鐵道

林田山鐵道

阿里山鐵道

大漢林道

※ 改繪自「台灣省縣市及道路圖」，《臺灣之森林資源
及土地利用》，臺灣省政府農林廳林務局，中國農村復興
聯合委員會補助，1978.4。(此即第二次森林調查報告)

比例尺 1:1,000,000 HORIZONTAL SCALE

圖2：改繪自《臺灣之森林資源及土地利用》所附「台灣省縣市及道路圖」第二次森林調查期間，正是大伐木時代的高峰期，除了日治時代留下來的伐木鐵道，國府更新開闢了大量的伐木道路，從北到南、由西至東，從平原、淺山深入中央山脈，把孕育百萬年以上的原始森林砍伐下山。為了方便讀者想像模擬當年方情境，特別標示了幾座高山，例如北部的伐木，幾乎直抵大壩尖山、雪山頂峰的周邊。

資料來源：臺灣省政府農林廳林務局、中國農村復興聯合委員會補助，1978。《臺灣之森林資源及土地利用》所附台灣省縣市及道路圖。

製圖：何俊彥，地球公民基金會提供。

應該算一算。

林相變更，原始闊葉林淪為紙漿（1965-1989）

台灣生物多樣，物種岐異度高的原始森林，因為沒有高價木材，木材量低，被林業界被評價為「低劣天然林」。這種思維，主宰了台灣林業政策，造成難以計量的損失，而源頭之一是國外的專家。

1963 年 5 月 24 日，加拿大籍林業經濟專家史密斯（Harry G. Smith）來台考察台灣林業，7 月 18 日離台後，向聯合國發展方案（UNDP）提出台灣林業及森林工業情況調查報告，建議了四點：第一，台灣年伐木量可較前增三倍，因水土保持因素甚多伐木非負全責；第二，各直營伐木業務悉數開放民營；第三，省內木材市場並未飽和，內銷數量仍可增加；第四，採伐深山針葉樹材外銷，所得外匯發展木材工業，並更新低山帶林相；經濟部楊繼曾部長邀集沈家銘、楊志偉、馬聯芳等專家交換意見，對其建議原則接受，並決定向聯合國特別基金申請貸款 30 萬美元，聘請 7 名專家來台制定台灣林業及森林工業發展方案（註 15）。

其中，「更新低山帶林相」的建議就成了「林相變更」計畫。1964 年，行政院經合會副主委李國鼎與聯合國世界糧農組織（FAO）代表簽約，開啟了林相變更計畫。

為什麼需更新低山帶林相？**當時政府估計，海拔 1000 公尺以下的國有林，有 8 萬 4 千多公頃，交通方便有生產潛**

力，但是木材的蓄積量卻很低，這樣的森林被稱為「低劣林相之天然林」。為了要提高土地生產力，得把森林全面皆伐，改造為人工林（註16）。

　　1965年，林務局開始執行第一期林相變更計畫，由聯合國世界糧食方案以小麥2,721噸、食油120噸、奶油140噸補助，在八仙山、竹東、潮州三事業區內實施2,000公頃之伐木、整地、林道、育苗、造林等林相變更一貫作業。

　　當年政策目的寫著：培植大量生長迅速之工業用材，以配合森林工業化。這個計畫執行到1977年底，在四期的計畫中總共伐木275萬6,541立方公尺，新開闢林道約

台灣原生闊葉林擁有極高的生物多樣性，然而，從木材生產的角度，除了少數經濟價值高的樹種，一向被視為「無用的雜木林」，在林相變更和林相改良的政策下，台灣損失了數萬公頃的原始闊葉林。
攝影 @ 李根政

512 公里，造林約 3 萬 9 千公頃，作業地點遍及全台 13 個林區，有些地區被重覆毀林再造林，例如竹東、大甲、恆春林區，很可能是損失最慘重的地區（如圖 3）。原本的天然林相是以櫧櫟類、楠木類、相思樹、松類、樟類最多，砍伐之後所種植的則以柳杉為最多，其次為相思樹、光臘樹、二葉松、紅檜、杉木、楓香等。

林相變更計畫號稱為林業史上史無前例之大型計畫，投入之人力、物力甚為可觀，以當年的幣值投入約 10 億台幣，90％是自籌，其他是聯合國的補助款。1971 年台灣退出聯合國，實物援助中止，其後林務局自籌經費繼續執行。期間聯合國世糧方案代表來台視察，均肯定此項計畫之成績（註 17）。

史密斯（Harry G. Smith）帶給台灣的建議，並沒有考慮到台灣的環境特性，完全用森林工業的角度提供建議。不幸的是，當時的政府和林業專家全盤接受了，花費了鉅資進行的林相變更，讓台灣損失了 3 萬 9,000 公頃珍貴的天然闊葉林。

原本林務局打算繼續執行林相變更 6 年，預計每年伐木面積 6,000 公頃，但考慮林相變更皆伐處分原有立木，不分優劣手段激烈，經費龐大還有水土保持問題，所以轉向「林相改良」作業。

1983 年省府公布台灣林相改良執行要點，理由是林業單位認為國有林中有 30 萬公頃的天然林，木材的蓄積貧乏，生長量又少，為了確保森林的生產效率，將具經濟價

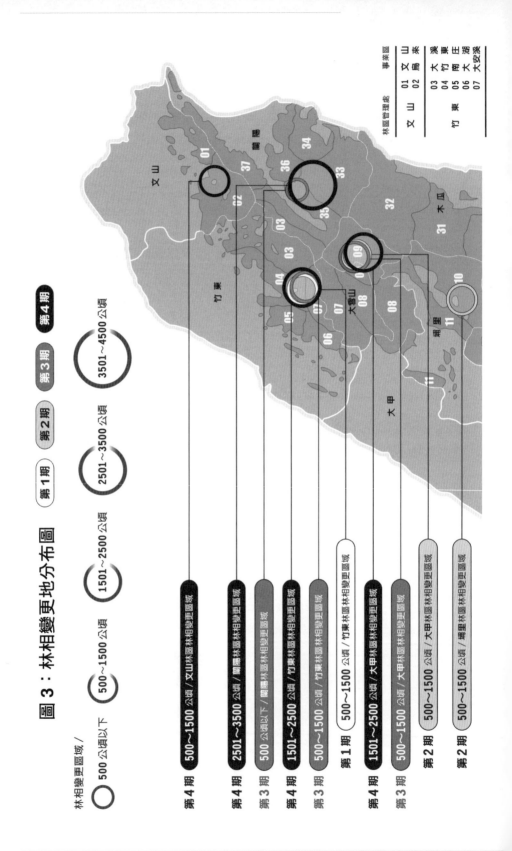

圖 3：林相變更地分布圖

第 1 期　第 2 期　第 3 期　**第 4 期**

林相變更區域 /

○ 500 公頃以下　○ 500～1500 公頃　◯ 1501～2500 公頃　◯ 2501～3500 公頃　◯ 3501～4500 公頃

第 4 期　500～1500 公頃 / 文山林區林相變更區域

第 4 期　2501～3500 公頃 / 蘭陽林區林相變更區域

第 3 期　500 公頃以下 / 蘭陽林區林相變更區域

第 4 期　1501～2500 公頃 / 竹東林區林相變更區域

第 3 期　500～1500 公頃 / 竹東林區林相變更區域

第 1 期　500～1500 公頃 / 竹東林區林相變更區域

第 4 期　1501～2500 公頃 / 大甲林區林相變更區域

第 3 期　500～1500 公頃 / 大甲林區林相變更區域

第 2 期　500～1500 公頃 / 大甲林區林相變更區域

第 2 期　500～1500 公頃 / 埔里林區林相變更區域

林區管理處	事業區	
文山	01	文山
	02	烏來
竹東	03	大溪
	04	竹東
	05	關圧
	06	大湖
	07	大安溪

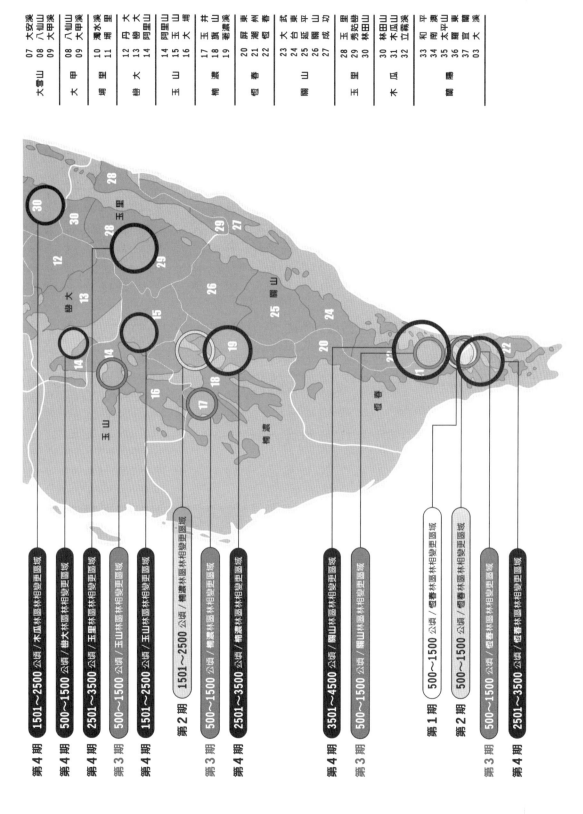

值的樹種保留下來，其他則砍除重新造林，預定施行面積7 萬 9,000 公頃（含保安林地 3 萬 5,000 公頃），至 1989 年施行面積 3 萬 5,728 公頃（註 18）。

　　林相變更、林相改良的思維，甚至延續到大伐木時代結束之後。許多林業官員和學者始終認為台灣的天然闊葉林是「無用的雜木林」，一定要將其改造為人工林，才有經濟效益。對於這種作法，生態學家陳玉峯將之比喻為：「先將山上的野生動物撲殺，然後再將人工飼養的雞、鴨、牛、羊趕上山。」

　　這些遭砍伐的闊葉林到那裡去了？宜蘭林商李武平先生描述當年情形，全台灣由北到南到處都是林相變更的林班，以數百或數千公頃標售，造成生產過剩，原木賣不出去，只好以「枝梢材」價格賣給彰化台化公司和花蓮中華紙漿公司做為紙漿的原料（註 19）。1968 年在花蓮吉安設立的中華紙漿公司，正是配合「林相變更」作業所核准，1970 年開始以台灣產的闊葉材進行生產，年產 7 萬噸木漿，在此之前，台灣早期的紙漿原料主要是蔗渣。

　　1965–1989 年之間，林相變更和林相改良 2 項計畫，可能造成了原始闊葉林超過 7 萬 5,000 公頃的損失。當時，認為對水土保持有百利而無一害，實際上，把多層次生物多樣的原始森林砍伐後，嚴重地干擾土地，變成了單一樹種的人工林，埋下往後更多的環境災難因子。

　　更可嘆的是，砍伐天然林改造為人工林也沒有創造出經濟效益。**林業界的大老，焦國模（2011）在回顧林相變更**

p.54 圖 3：林相變更地分布圖
1965 年至 1977 年，林務局在聯合國世界糧食方案的補助下，進行林相變更計畫。把原本是原本以櫧櫟類、楠木類、相思樹、松類、樟類為主的天然林相，砍伐後改種日本柳杉、相思樹、光臘樹、二葉松、紅檜、杉木、楓香等。宣稱可以培植大量生長迅速之工業用材，以配合森林工業化。

當年，天然林被視為「低劣林相」，為了有經濟效益非得改造為人工林，但經此改造，台灣失去了 3 萬 9 千公頃的原始闊葉森林，而所種的人工林也沒有達成木材生產的經濟效益，可以說是完全失敗的政策。

這張圖是根據羅紹麟、馮豐隆在 1986 年發表報告的附圖（註），把第一期至第四期在全台十三個林區，實施伐木造林的

的政策就說：「惜乎，近年市場上對柳杉、杉木之接受度甚低，材價下滑，實出當年主張淘汰天然林而改植為柳杉、杉木者意料之外。」

林業專家將 1895 年至 1975 年，從日治到國府這 80 年的台灣林業稱之為「法正林」（註 20）時期，意思是，那是根據經營計畫，伐木造林，循環不已，以期永續生產的時期。**而真相是，台灣林業從來就沒有林業專家理想中的「法正林」時期，而是百年失敗，曾經看似繁華的森林工業完全是靠原始森林砍伐來支撐。**

砍伐原始森林後，政府投入一個又一個耗費鉅資的造林計畫，至今累積的木材，只有不成比例的微小市場價值，根本沒有辦法成為永續生產的木材產業，否則怎會導致目前（2017 統計）台灣林業（木材和副產品）的產值，低到占全國比例幾乎是「0」。

大伐木時代，究竟砍了多少樹

首先，我要說明這個標題是簡化的說法，因為大伐木時代損失的不只是一棵棵的樹，而是森林。

一片原始森林，不只是可以賣錢的檜木或者烏心石，而是一個生態系統。裡面有著成千上萬歧異繽紛的喬木、灌木、草本、藤本植物，相互依存的野生動物、昆蟲、微生物，更是供養人們生存所需的水資源、土壤、食物的來源，美感和心靈價值，文化藝術的養分更是難以計量……每當想到百年伐木所失去的壯闊、多樣豐富的原始林，仍

忍不住令人感傷、扼腕。

　歷來林業統計的單位是用伐木所得到木材體積來計量，稱為「材積量」，而單位是「立方公尺」。阿里山區最壯觀的原始森林，曾有每公頃材積高達到 3,000 立方公尺者，而現今的人造林每公頃只有約 150 至 400 立方公尺之間，這種統計數字只是讓我們知道，百年來我們

圖 4：1922-2016 台灣伐木材積統計

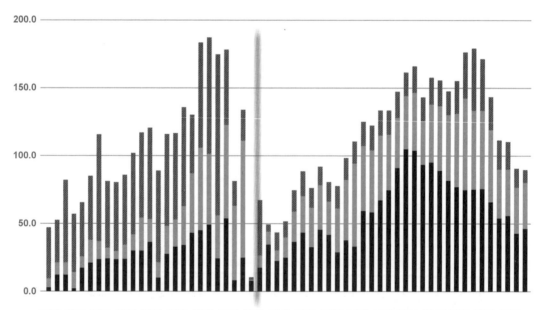

砍得了多少木材量，但難以量化砍了多少樹？更難以形容台灣的損失。

　　根據政府的林業統計資料，日治時代從 1922–1945 年日本結束殖民統治，伐木總量為 2,596 萬 2,000 立方公尺。而在國府時期，在剛接收時伐木量降低，但隨後持續攀升高，1946–2016 年的伐木總量達 4,667 萬 2,000 立方公尺（圖 4）。國府的伐木量約是日治時期的 2 倍，這個數字是包括了木材、炭薪材。

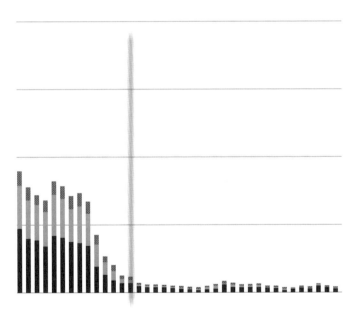

1979 1982 1985 1988 1991 1994 1997 2000 2003 2006 2009 2012 2015

《禁伐天然林之後》

一棵樹砍下來可以得到多少木材量？在林業的統計裡稱為「材積」量，單位是立方公尺。從這張圖可以看到 1922-2016 年，台灣伐木材積的趨勢。資料雖然來自官方數據，但準確性待檢證。詳細的數字請參考 p.72、73、74、75 表 1、2。

資料來源及說明：
《台灣省五十年來林業統計提要 (1922-1955)》，台灣省林產管理局編印。頁 128。
1.1942 年以前係根據日據時代台灣總督府殖產局出版之「台灣林業統計」（即日名原文）編列。
2.1943-1945 年係根據台灣省林產管理局查編纖「林業統計補充提要」編列。
3.1946 年以後係根據台灣省林產管理局查編纖業務統計報告表編列。
4. 樟樹數字包括在用林材積內。
製圖：何俊彥，地球公民基金會提供。

國府所伐木所得的木材量，如果以當年大元山林場每2台運材車串起一組，長約3.6公尺，可載運約30–50立方公尺來模擬，車車相連的長度約在3,360公里至5,600公里之間，相當於台灣島海岸線的3–5圈。

　　由於林道深入中央山脈，針葉樹的伐木量超越了闊葉樹，達總量半數以上，伐木量約達2,300萬立方公尺，伐木量約是日治時期的4倍，這段期間正是檜木原始林的大浩劫；而炭薪材的比例多數在2成以下，伐木量約是日治時期的半數，原因是家用瓦斯快速普及，大大降低了炭薪材的需求。

　　1991年國府宣布全面禁伐天然林，伐木量迅速下降，截至2016年的25年間，總伐木量約是120萬立方公尺，還不到日治和國府最高峰時期1年的伐木量。

　　關於百年來伐木的統計數據，官方版的林業統計、林務局誌和林業學者的數據有差異，單是中華林學會出版的《中華民國台灣森林志》，不同篇章作者提出的數據也不同。例如：1972年是伐木的高峰，林務局誌說是砍了180萬立方公尺，焦國模（1993）則推估超過200萬立方公尺。

　　如果再考察其他著作，相關的數字更為撲朔迷離，例如陳潔（1973）說：1972年台灣森林伐採數量達到高峰，當年生產針葉樹材積126萬7,000立方公尺，闊葉樹127萬1,000立方公尺，工業原料材16萬5,000立方公尺，總計270萬立方公尺。除了砍伐數量創紀錄，實際伐木量比

原編列伐採量多出 84 萬立方公尺，針一級木，如檜木遭過度伐採尤其嚴重，導致臺灣森林資源開發陷入失序狀態，迅速流失（註 21）這數字竟超過林業統計約 100 萬立方公尺，落差十分巨大。

大伐木時代盜伐和貪污頻傳，官方數字的真實度本就令人難以完全信服，如果要得到完整的伐木歷史真相，還有待政府和學界投入研究並公開資料（p.73 表 2）。林務局從直營伐木轉向生態保育已歷 20 多年，當代的公務人員許多並未經歷大伐木時代，對於這段史實的探求和反省，我認為是森林政策轉型很重要的內造工程。

森林保護運動的初聲（1987-1991）

1975 年，國際經濟萎縮，正在伐木高峰期的台灣林業產銷陷入困境，經濟部要求林務局研擬救濟辦法。行政院通過對台灣林業政策指示減少森林開發，加強水土保持工作、縮小木商。因為材價下跌且嚴重滯銷，針葉樹伐木量逐年削減，林務局從這年開始走向虧損。

1984 年，行政院修正核定改進台灣林業經營及財務問題之建議案，以林木蓄積分散貧乏、運輸路線不斷延長、生產成本日益提高，決定應陸續結束直營伐木。此間，台灣陸續設立國家公園，第一個是墾丁，接著是玉山、陽明山、太魯閣國家公園……。同時，文化資產保存法也通過，農委會開始與經濟部依法會銜公告許多的自然保留區。

80 年代的台灣，正式進入一個保育和開發拉鋸的年

官商勾結‧森林伐權

劇場‧台灣環保聯盟‧新莊基金會‧新竹水‧台中縣‧彰化縣公害防治協會

□自救會‧婦女新知‧婦女聯盟‧夏潮會‧雅育舍‧原救會‧輔大草原文學社/文代會/歷史學員/新聞

□作田‧第三映象‧綠色小組‧朱高正‧顏錦福‧基仁堂服務處‧醫界‧法科界‧前進南方雜誌‧民進‧時代週

林務局毒存
處訟不驚
雲出路行動隊贈

上、下：1989 年 3
月 12 日，民間團體
組成了「搶救森林
行動委員會」，走上
街頭為台灣原始森
林請命，致贈弊端
叢生的林務局處訟
不驚的匾額，舉匾
額者為粘錫麟老師。
上、下攝影 @ 蔡明德

代，雖然設定了很高的法定伐木量，但實際伐木量逐漸降低。

1985 年，林務局至該年度已累積虧損 18 億 3,700 萬元，1987 年，林務局因無伐木收益已虧累近 30 億元，向公營銀行貸款支撐以維持運行，開始準備改制為公務機構。當年全台伐木量削減為每年 50 萬立方公尺，林產上下游業者計為 2,006 家，已較林產業全盛時期減少約三分之一（註 22）。

整個大伐木時期，都處於國民黨高壓統制的戒嚴時期，那時很少人為「森林」說話。直到 1987 年，賴春標在《人間》雜誌發表〈丹大林區砍伐現場報告〉等文章，揭露了丹大第 8 林班數百公頃的紅檜原始森林遭砍伐之後，成為一片焦土，不僅沒有造林，反而違法出租變成了高麗菜園。當年，林務局巒大林區管理處陳天璜處長面對記者提問，竟回應：「他們只在果樹下，種植短期少量的高麗菜，這並不太會影響當地水土保持。」這類回應再再凸顯了林務官員的顢頇（註 23）。

透過《人間》雜誌的報導，山林破壞的真相，從遙遠的深山裡進入公眾的視野、台北街頭。

在學界、社運界之關切下，1988 年植樹節前夕，由林俊義教授領銜，全台 10 餘所大學超過 100 位教授連署發布「1988 年搶救森林宣言」，3 月 12 日，綠色和平工作室（註 24）、《人間》雜誌發起「救救我們的森林」活動，在林務局前表演行動劇；3 月 24 日，再聯合社會各界護林人

士數百人，走上了台北街頭，展開一系列為台灣森林請命的行動（註25）。

　　1989年民間團體組成了「搶救森林行動委員會」，3月10日舉辦「為林務單位換血」聽證會，主其事者為東海大學林俊義及玉山國家公園管理處課長陳玉峯等；3月12日，600多位環保界、藝文界人士走上街頭，參與團體包括了台灣綠色和平組織、主婦聯盟基金會、新環境基金會、台灣環保聯盟、夏潮聯誼會、民進黨社運部等；藝文界包括了虞戡平、胡茵夢等人士，由林俊義教授、蔡仁堅等領隊，主要訴求是：改制事業生產單位的林務局為公務預算單位；國有林區禁伐10年；全面清查各伐區之不法事件；國有林回歸中央以達林業經營權一元化。現場並由粘錫麟扮演林務官員，接受「處訟不驚」的匾額（註24）。

　　為什麼要訴求林務局改制為公務預算單位？

　　當時的林務局還是國營事業單位，員工薪水要靠伐木賺錢，例如：1976年制定的「台灣林業經營改革方案」就規定，「林務局財務以核定的林木砍伐量所得，支應經營所需，而當年核定的每年砍伐量是100萬立方公尺」。因此，如果不改制，台灣的原始森林將會被砍伐殆盡，另外，貪瀆非法也非常嚴重。

　　在森林保護運動催化下，1989年7月林務局改制為公務機構及公務預算，至此，台灣林業正式才結束長達76年之久的伐木養人政策，同年，隨後又宣佈禁伐全台灣的

天然檜木林。

然而，檜木林禁伐了，原始闊葉林仍然在鏈鋸的威脅之下。

六龜試驗林是林業試驗所管轄的最大一片林地，面積達 9,000 多公頃。在 90 年代之前的 20 年間已砍伐了約 1,000 多公頃的原始林，還打算在 60 年內「全部整理更新」為人工林。這是延續自林相變更、林相改良的作法，就是把原始闊葉林砍伐，改造為林業單位認為有經濟價值的人工林，理由是這些原始林「林相不良、蓄積低劣」──意味著可以砍來賣錢的木材太少。

原始林樹種組成多樣，多層級的天然樹木，就保育的觀點正是生物多樣性很高的地方，把這樣的森林形容為「林相不良、蓄積低劣」，就是把森林簡化為只剩木材生產的功能。

1990 年，六龜分所試驗林 21 林區屯子山區，發包了該林區 20 公頃原始林全面皆伐，招標金額僅 1,500 萬元，其中台灣櫸木達 103 棵，更誇張的是允准挖掘樹頭，另收取每株樹頭費 3 到 5 萬元不等，以林道經過可以挖樹頭做為掩護。

1991 年 3 月底、4 月初，在東海大學任教的陳玉峯教授組隊調查守候 3 天，直擊了 1 棵 500 年的台灣櫸木，從砍伐到挖掘樹頭的作業過程。台灣櫸木通常生長於河谷、溪流兩岸壁，是台灣各集水區水土保持、國土保安最重要的樹種之一，有台灣第一闊葉樹的美稱。陳教授在現地實

測的伐木坡度都在 45 度左右，並非法規允許的可作業地，此後透過一系列文章揭露了林試所伐木的惡行，接著在 1991 年 6 月 24 日結合環保團體發起森林抗爭運動（註 26）。

陳教授和環保團體一連數月發動陳情、抗議、請願行動、頒贈林試所「弒林有功」匾額行動，在參與官方的會議中，環保團體與官方「學者」拍桌對罵，中途憤而集體退席，質疑是：為何一定要砍伐原生林？

當年的主要的運動訴求是，要求停止全面禁伐天然林，中止 1991 年林試所發包的南鳳山 70 公頃闊葉林皆伐作業，還有通盤檢討試驗林經營計畫。

1991 年 8 月，政府以行政命令正式宣告「全面禁伐天然林」，每年伐木以不超過 20 萬立方公尺為原則，11 月正式實施（註 27）。

從 1988 到 1991 年之間的森林運動，在直營伐木事業嚴重虧損，國家政策鬆動的情況下，補上了臨門一腳，終結了日治時代以來的大伐木時代，台灣森林終於獲得喘息的機會，有機會邁向重生。這是台灣在 1987 年解嚴之後，很重要的社會運動成果，台灣山林保育重大的里程碑。

那是我沒有參與的年代，1998 那一年，我正從新竹師專畢業，回到金門老家的國小任教，生活在一個還維持戒嚴狀態的地區。

這段歷史陳述是做為新移民的我，向台灣土地接軌學習，建構起土地認同的過程。或許書中的觀點您不一定認

同，綱要式的寫作必定存在大量的缺漏，但這是許許多多
在這塊土地上生活的人們，應該了解、辯論、對話的歷
史。這是台灣原始森林的淪亡史，也是占全台灣 7 成國土
和人們，在大時代中劇烈翻轉的故事。

小 檔 案

檜木（*Cypress*）

　　全球檜木屬植物約 6 種，僅見於北美、日本及台灣。台灣有 2 種
檜木，一為紅檜（Chamaecyparis formosensis Matsum.），第一份引
證標本於 1986 年 11 月，由本多靜六在郡大山脈所採獲，1901 年由
松村任三命名為台灣特產，曾被樹木學者金平亮三譽為東亞第一大針
葉樹，樹高可達 60 公尺，胸周可達 20 公尺以上，樹幹通常基部膨
大；另一種為扁柏（Chamaecyparis obtusa Sieb. & Zucc. var.
formosana (Hayata) Rehder），1906 年川上與森氏採集，經早田文
藏於 1908 年鑑定，命名為日本扁柏的 forma（品系、品型或品種），
後來有的學者將其處理為台灣特產種，有的則視為與日本扁柏同種，
其分類群的位階一直未有定論，樹形多呈一柱擎天，主幹不分叉，二
者都因材質細密、氣味芬芳、材積量極大，成為歷來伐木事業覬覦的
主要對象。

　　檜木的遠祖可追溯自 2 億年前古大陸，且在 6,500 百萬年以前最
興盛，地史大滅絕之後，殘存植物隨冰河期陸續南遷至台灣。生態學

者陳玉峯主張檜木林為台灣最古老的生態系，其內包括許多珍稀活化石植物，為地球地質時代的孑遺指標。例如，全球唯一以台灣當屬名的植物台灣杉、次生植物台灣擦樹等，無論從生物地理、島嶼生態、全球演化變遷等考量，學術地位可謂無與倫比。

　　檜木原本廣泛分佈於台灣海拔 1,800 公尺至 2,500 公尺之霧林帶，全台灣雨量最高的地區，其檜木之族群分布，向有「北扁柏、南紅檜」之稱，日治時代太平山運出材中扁柏與紅檜比例為 7:1，阿里山為 1:1，而秀姑巒以南則幾乎沒有扁柏。

百年來主要且最有木材價值的伐木對象，檜木家族的紅檜，比較容易分支。圖為鎮西堡的紅檜巨木。
攝影 @ 李根政

整個台灣的林業，不論日治 50 年或國府治台，檜木都是主要的伐木對象，如今，大面積的族群僅剩台灣北部的棲蘭山區（以扁柏為主）與東南部的秀姑巒山區的紅檜。因此，當棲蘭檜木原始林面臨重大危機，即代表著全台抑或全球僅存的大面積扁柏純林遭遇危機。（以上有關檜木生態的資料整理自陳玉峯教授相關著作論述。）

檜木家族中的扁柏長相通直，更是伐木的標的。
圖為馬告檜木國家公園預定地的扁柏純林。
攝影 @ 傅志男

檜木林是針闊葉混合林，裡面包括台灣杉等針葉樹、以殼斗科為主的許許多闊葉大喬木、八角金盤等珍稀多樣的灌木，有很高的生物多樣性，也是台灣很重要的維生生態系統。

台灣杉（*Taiwania cryptomerioides*）

　　台灣杉與檜木同樣生長在雲霧繚繞的中海拔地帶，數量較少、分布較疏，樹型類似扁柏，壯碩通直，一柱擎天，高度卻更高。這是全世界唯一以「台灣」為屬名的植物，台灣最高大的樹，因為太高了，魯凱族人叫它「撞到月亮的樹」。過去最高紀錄到 90 公尺，近年實測則在 60–70 公尺，可稱為東亞第一。

　　1904 年 2 月由小西成章在南投廳林圯埔杉林山的烏松坑，海拔 2,000 公尺處所採集，1906 年早田文藏正式發表轟動學術界，因為從化石與花粉記錄可證實台灣杉源自地質時代第三紀所孑遺下來的活化石，與中國之水杉、銀杏和美洲之世界爺等古生種並稱於世，當時以為台灣為全球唯一產地，後來發現緬甸北部、雲南、兩湖、福建有少量分布，但全球之分布重心在台灣。

　　在大伐木時代因為是檜木伴生而遭到大量砍伐，傳聞只剩下大鬼湖一帶的族群比較完整，直到 2002 年靜宜大學楊國禎副教授率隊前往，證實確有此事，且數量比傳聞更多更密。當時調查粗估 1,300 公頃的範圍，台灣杉超過萬株，最大胸徑超過 4 米，世上僅存。

　　2015 年 2 月，公視和地球公民基金會團隊在楊國禎副教授帶領下，在本野山西方找到一片密度極高的台灣杉純林，遠遠超越 2002 年的調查成果，甚至比林務局至今發布的任何一篇報告都來的驚人。在長 145 米、寬 30 米，約 0.42 公頃的樣區內，共測量到台灣杉 40 棵生立木、3 棵倒木及 1 棵紅檜，林下散生殼斗科的闊葉樹。台灣杉的平均高度超過 60 米，胸徑約 2 米，推測這是崩塌後於同一時間生

台灣杉是台灣
最高大的樹，
可達 70-90 公
尺，即使在大
檜木中，也是
鶴立雞群。這
是大鬼湖山區
的台灣杉巨木。
攝影 @ 柯金源

長的同齡木，樹齡超過 1200 年。最大的一棵台灣杉胸徑達 4.32 米，初步判定這應該是台灣杉的生長極限。族群分布上很明顯在溪谷與紅檜混生，中坡數量最密，到稜線頂又變回散生巨木的狀態。

表 1：阿里山森林原有蓄積表（日治時代調查）

樹種	株數	材積（立方公尺）	一株材積（立方公尺）
扁柏	152,482	1,149,918	7.51
紅檜	155,783	1,470,649	9.98
亞杉（台灣杉）	5,091	60,114	12.19
松	13,876	79,461	5.71
鐵杉	46,988	189,099	4.01
以上針葉樹合計	374,220	2,949,241	
櫧類	267,363	904,761	3.37
柯	247,548	936,129	3.81
樟	11,396	187,017	7.78
赤楊	45,998	49,945	1.07
雜木	548,881	1,218,625	2.20
以上闊葉樹合計	1,121,186	3,926,477	
合計	1,495,406	6,245,718	

資料來源：周楨，1958。《臺灣之伐木事業》〈臺灣研究叢刊第五八種〉，頁 53；54，臺灣銀行經濟研究室編印。

表 2-1：日治時代的伐木統計：材積單位（萬立方公尺）

年度	伐木材積量	針葉林	闊葉林	薪炭材	炭薪材使用比例	樟腦油（萬公斤）	樟腦（萬公斤）
1922	46.5	3.2	6.6	36.8	0.79		
1923	52.4	12.2	9.0	31.2	0.59	236.1	79.6
1924	82.1	12.1	8.9	61.0	0.74	0.7	215.5
1925	56.8	2.4	11.8	42.7	0.75		
1926	65.7	17.6	8.4	39.7	0.60		
1927	85.0	21.0	17.0	47.0	0.55		
1928	115.6	23.4	13.3	78.9	0.68	212.9	
1929	80.8	24.3	8.0	48.5	0.60	263.1	229.5
1930	80.4	23.3	6.3	50.8	0.63	245.8	128.9
1931	85.8	23.8	10.5	51.6	0.60	20.1	135.7
1932	102.1	30.0	12.1	60.0	0.59	188.9	142.6
1933	116.8	30.0	24.5	62.3	0.53	130.4	236.3
1934	120.6	36.4	17.1	67.2	0.56	21.5	235.2
1935	88.7	10.1	11.4	67.2	0.76	133.2	205.8
1936	115.6	27.6	21.0	66.9	0.58	100.6	249.5
1937	116.4	33.1	20.1	63.2	0.54	119.2	202.6
1938	135.5	33.9	29.1	72.5	0.54	103.5	161.2
1939	130.4	43.6	43.6	43.2	0.33		256.5
1940	183.4	45.3	60.6	77.5	0.42		
1941	187.1	49.2	52.4	85.4	0.46		
1942	174.6	24.2	32.0	118.4	0.68		
1943	178.4	53.8	69.2	55.4	0.31		
1944	81.4	7.9	55.2	18.3	0.22		
1945	134.0	24.9	86.5	22.6	0.17		
1946	10.2	7.9	0.9	1.5	0.15		
總計	2596.2	621.2	635.5	1369.7	0.53		

表 2-2：1946–1991 國府時代林業統計：材積量單位（萬立方公尺）

年度	伐木材積量	針葉林	闊葉林	薪炭材	炭薪材使用比例
1946	10.2	7.9	0.9	1.5	0.15
1947	67.8	17.3	9.2	41.3	0.61
1948	49.4	34.8	9.3	5.3	0.11
1949	43.6	22.1	8.6	13.0	0.30
1950	51.8	25.2	14.9	11.6	0.22
1951	74.5	36.6	22.1	15.8	0.21
1952	88.7	43.3	26.9	18.4	0.21
1953	76.3	32.8	29.3	14.1	0.19
1954	91.8	45.6	32.8	13.5	0.15
1955	80.7	41.9	24.3	14.4	0.18
1956	77.5	28.7	32.9	15.9	0.21
1957	98.1	38.0	44.1	16.0	0.16
1958	110.3	33.0	61.4	15.9	0.14
1959	125.2	59.0	48.7	17.5	0.14
1960	122.1	58.4	46.2	17.6	0.14
1961	133.3	67.4	47.6	18.3	0.14
1962	133.3	75.0	40.7	17.6	0.13
1963	147.3	91.3	36.7	19.2	0.13
1964	161.4	104.8	39.2	17.3	0.11
1965	166.3	103.6	43.3	19.4	0.12
1966	140.3	93.6	32.4	17.0	0.12
1967	157.8	95.3	42.9	19.6	0.12
1968	155.7	89.1	47.7	18.9	0.12
1969	147.6	81.7	48.3	17.6	0.12
1970	155.5	77.0	54.1	24.4	0.16
1971	176.2	74.5	67.9	33.8	0.19
1972	179.0	75.1	58.3	45.6	0.25
1973	171.4	75.5	57.8	38.2	0.22
1974	153.4	65.6	53.4	24.4	0.16
1975	111.0	53.9	36.5	20.6	0.19
1976	110.1	56.0	34.3	19.9	0.18
1977	90.3	42.8	34.2	13.4	0.15
1978	89.2	46.9	33.1	9.2	0.10
1979	89.2	47.3	31.6	10.3	0.12
1980	77.5	39.7	28.6	9.2	0.12
1981	71.8	38.7	25.8	7.4	0.10
1982	67.7	34.0	25.8	7.9	0.12
1983	82.1	42.4	30.0	9.8	0.12
1984	78.5	40.6	29.1	8.7	0.11
1985	70.7	37.5	24.0	9.3	0.13
1986	73.5	36.6	27.3	9.7	0.13
1987	67.0	34.7	23.4	8.9	0.13
1988	42.6	19.1	16.4	7.1	0.17
1989	26.4	13.1	9.2	4.1	0.16
1990	20.3	9.2	7.2	4.0	0.20
1991	12.6	6.9	3.4	2.3	0.18
總計	4527.1	2293.7	1501.9	724.8	0.16

表 2-3：1992–2016 林業統計

年度	伐木材積量	針葉林	闊葉林	薪炭材	炭薪材使用比例
1992	11.8	7.5	2.1	2.2	0.19
1993	7.2	5.5	0.8	0.9	0.12
1994	5.6	4.0	1.0	0.6	0.11
1995	6.3	4.1	0.5	1.7	0.27
1996	5.6	4.3	0.3	1.0	0.17
1997	5.2	3.7	0.3	1.1	0.22
1998	5.0	3.3	0.3	1.3	0.26
1999	3.2	2.5	0.8	1.0	0.31
2000	2.6	2.3	0.8	0.5	0.20
2001	3.9	2.1	1.9	0.8	0.19
2002	4.7	2.6	2.8	0.7	0.16
2003	6.7	5.7	1.0	1.8	0.27
2004	5.6	3.8	2.1	1.2	0.22
2005	5.1	3.5	1.7	0.7	0.15
2006	4.5	3.5	1.7	1.1	0.24
2007	5.2	4.0	1.5	1.2	0.22
2008	4.4	3.7	0.7	0.7	0.17
2009	2.6	3.2	0.9	0.4	0.14
2010	2.1	1.9	1.3	0.0	0.02
2011	2.4	2.8	0.8	0.1	0.03
2012	3.9	3.7	0.6	0.3	0.07
2013	3.3	2.6	0.8	0.8	0.23
2014	5.0	5.1	0.7	0.4	0.09
2015	4.0	3.7	0.6	0.8	0.20
2016	4.0	2.6	0.8	0.8	0.19
總計	120.1	92.0	27.0	22.1	0.18

表 2-1 至 2-3 資料來源及說明：

《台灣省五十年來林業統計提要（1922-1955）》，頁 128，台灣省林產管理局編印。

1.1942 年以前係根據日據時代台灣總督府殖產局出版之「台灣林業統計」（即日名原文）編列。

2.1943-1945 年係根據台灣省林產管理局查編織「林業統計補充提要」編列。

3.1946 年以後係根據台灣省林產管理局查編織業務統計報告表編列。

4. 樟樹數字包括在用林材積內。

註 1：周楨，1958 年。《臺灣之伐木事業》台灣銀行經濟研究室，頁 53。

註 2：陳玉峰，1991。《台灣綠色傳奇》，張老師文化。頁 115-118。樟腦 19 世紀開始曾做為中西藥用，防蟲、製作煙火，一度作為無煙火藥的原料，1890 年開始大量作為人類發明的第一種合成塑膠—塞璐璐片的原料，由於這項工業的蓬勃發展，台灣成為樟腦王國。

註 3：有關日治時代的林業簡述主要參考和改寫自以下政府出版品。林鴻忠、邱惠玲、楊藹衡編著，2012。《蘭陽林業百年場記》，行政院農委會林務局，頁 22-28；耕耘臺灣農業大世紀編輯委員會，2013。《耕耘臺灣農業大事記——林業印記》，行政院農委會發行；1997，《臺灣省林務局誌》；姚鶴年，1993。《中華民國台灣森林志》〈日據時期林業〉頁 9-30；〈光復初期林業〉頁 31-64，台北，中華林學會。

註 4：洪廣冀，2002。〈戰後初期之臺灣國有林經營問題：以國有林伐採制度為個案（1945-1956）〉，《台灣史研究》第九卷第一期，頁 71-72。

註 5：周楨，1958。《臺灣之伐木事業》，台灣銀行經濟研究室。

註 6：臺灣省政府農林廳林務局、中國農村復興聯合委員會補助，1978。《臺灣之森林資源及土地利用》，頁 34。

註 7：同註四，轉引自洪廣冀，2002。

註 8：同註四，轉引自洪廣冀，2002。

註 9：轉引陳玉峯、陳月霞，2003。《阿里山地區自然、人文與產業變遷史調查研究計畫》，頁 115，委託機關，林務局；執行機關，靜宜大學。

註 10：李武平，1999.1.28。〈請勿只見木不見林，枯立木不可再搬出利用—回應吳俊賢先生〉，自由時報。

註 11：劉孝慎，1978。〈台灣林業之發展與改進（一）〉《台灣林業》，4（1）：頁 6-11。林國銓，1993，〈森林資源的過去與現況〉，頁 1-29，收錄於夏禹九、王立志、金恆鑣編，《森林資源的永續經營》，台北，台灣省林業試驗所。

註 12：周楨，1958 年。《臺灣之伐木事業》，台灣銀行經濟研究室，頁 101。

註 13：李剛，1988。《悲泣的森林》，商務印書館，頁 249。

註 14：臺灣省林務局誌，1997。《六零年代大事紀》，頁 211。

註 15：臺灣省林務局誌，1997。《五零年代大事紀》，頁 162-164。

註 16：羅紹麟、馮豐隆，1986。〈臺灣林相變更始末〉，《臺灣經濟》第 109 期，頁 62-79。

註 17：臺灣省林務局誌，1997。《六零年代大事紀，頁 167；219。

註 18：行政院農業委員會，2013。《耕耘台灣農業大事記——林業印記》，頁 164。

註 19：李武平，1999.1.28。《請勿只見木不見林，枯立木不可再搬出利用——回應吳俊賢先生》。

註 20：焦國模，2011。〈林業百年〉，Vol.37 No.1。「法正林」是從德文 Normalwald 翻譯而來，溯自西元 1359 年，德人首在 Erfurt 市實行林分區劃輪伐法，此為法正林概念萌芽之始。是指能夠永續實現木材收穫均等的森林，也就是木材收穫呈嚴正保續狀態（年年有等量收穫）的森林。楊榮啟、林文亮，2004。《漫談法正林》，台灣林業 2004 年 6 月號。

註 21：陳潔，1973。《臺灣林業考察研究專輯》，臺灣省政府。轉引林務局，《1922 無盡藏的大發現——哈崙百年林業史》〈改顏換面〉，頁 194。

註 22：臺灣省林務局誌，1997。七零年代大事記，頁 247；252；254；255。

註 23：賴春標，1987.9。丹大林區砍伐現場報告，人間雜誌 23 期；賴春標，1987.8。〈保衛台灣最後的原始森林〉，人間雜誌 22 期。

註 24：森林運動的記事參考自：自由時報，1989.3.13。〈林務局「處訟不驚，遊行救森林，贈扁額諷刺」〉；臺灣省林務局誌，1997。《七零年代大事紀》，頁 55-256、259。
「綠色和平工作室」成立於 1988 年，1989 年 3 月「綠色和平工作室」改組為「台灣綠色和平組織」，這個組織和國際綠色和平沒有關連，創會會長是林俊義，副會長蔡仁堅，粘錫麟擔任總幹事。當時的綠色和平積極參與了反李長榮化工、反杜邦、反五輕等反工業污染運動，關注蘭嶼核廢料、反核四等能源課題。有意思的是，考察當時成立的宣言，保護森林並未列在其中。參考自 1989，《淨竹通訊》第二卷第一期，頁 3。

註 25：臺灣省林務局誌，1997。七零年代大事記，頁 255-256；賴春標，2000。〈搶救最後的國寶——檜木原鄉多少浩劫？〉新故鄉雜誌第三期，頁 90-117。

註 26：陳玉峯，1992。《人與自然的對決》，頁 9-16；132-148，晨星出版社。

註 27：台灣森林經營管理方案第 8 條：自 87 年度至 90 年度 4 年間，每年度伐木量，以不超過 20 萬立方公尺為原則，每一伐區皆伐面積不得超過 5 公頃。全面禁伐天然林、水庫集水區保安林、生態保護區、自然保留區、國家公園、及無法復舊造林地區。實驗林或試驗林，非因研究或造林撫育之需要，不得砍伐。

第二章

搶救棲蘭檜木林
——雪山山脈殘餘的官營伐木

1991 年「全面禁伐天然林」的行政命令，真的落實了嗎？

1998 年來自棲蘭山區的訊息，揭露了官營伐木不為人知的最後基地——棲蘭山區——這個位於石門水庫上游，宜蘭、桃園、新竹及新北市交界，有著全球僅存的扁柏檜木林，竟然還在刀斧之下。

當年 5 月，保護棲蘭檜木林的運動開始引爆。巧合的是，6 月初我和一群基層教師在高雄市教師會成立了「生態教育中心」，開始關注柴山保護、美濃水庫、有害事業廢棄物等課題。同年 8 月，陳玉峯教授到高雄興隆淨寺舉辦了「第 2 期環境佈道師營隊」，我和幾位伙伴都參與了營隊，首次聽到搶救檜木林的訊息。

由於這個因緣，我和許多台灣子民深受啟蒙，從頭開始認識台灣山林，並成為一個運動者。這一篇章正是以我的碩士論文為基礎，加上 2 本記錄搶救棲蘭檜木林運動的專書寫成。有關歷程的描述，相關引證可以參考這 3 本書（註 1）。

檜木生育於海拔 1,000-2,500 公尺之間，是屬於針闊葉混合林。降雨量高，終年潮溼雲霧繚繞。
攝影 @ 潘怡庭

退輔會森林開發處──政府特許的伐木事業

　　1957 年 7 月，台灣橫貫公路破土動工，國民政府為
安置大批從中國撤退到台灣的退伍軍人（榮民），畫定了
從東勢經梨山至花蓮共 188 公里，其北支線自梨山至宜蘭
共 115 公里，給予開發沿線兩側各 10 公里地帶之天然資

源的權利，1959 年進一步畫定了橫貫公路沿線國有森林為其開發範圍，成立了國軍退除役官兵輔導委員會森林開發管理處（以下簡稱退輔會森開處，1993 年更名為森林保育管理處，簡稱森保處），管轄樓蘭山林區和大甲溪林區，共 88,160 公頃林地，在樓蘭山林區設立了工作站，成為一個政府特許的伐木事業機構。

退輔會森開處，在樓蘭山林區初期採全面砍伐方式，在雪山山脈東側宜蘭縣境內，皆伐了 6,000 多公頃的原始檜木林。

1983–1984 年，森開處改在大溪事業區現有林道兩側以災害木名義整理枯立倒木，將森林中已枯死但仍挺立，或因風衝、老死等因素倒下之檜木移除，這個區域是石門水庫上游之水源涵養保安林。接著在 1986 年繼續編訂了 7 年計畫，1994 到 1999 年又續編 5 年計畫，每年整理數量為立木材積 5,500 立方公尺。截至 1997 年度為止，枯立倒木作業面積 743.98 公頃，至 1998 年民間估計約 800 公頃左右。

儘管 1991 年台灣森林經營管理方案中已明訂全面禁伐天然林，但退輔會森開（保）處長達十數年的枯立倒木整理，形同黑箱作業，從未引起外界之關注。

直至 1995 年 7 月 22 日至 24 日，台灣省議會基於該事業區位於石門水庫集水區，關切水庫安全及國土保安，才組織了 15 人專案小組進行調查了解。調查後共提出四點意見：

如果不是搶救棲蘭檜木林的運動，這片全球僅存的扁柏林，如今可能還在退輔會森保處的刀斧威脅當中。

圖為扁柏神殿。

攝影 @ 傅志男

一、枯立倒木作業實施以來，各界咸認對石門水庫上游集水區、水土保持、國土保安及水庫安全頗有負面影響，該作業計畫即將於 1999 年度屆滿，宜否再予繼續實施，應請省政府飭令林務局邀集學者、專家及相關機關就其利弊得失做深入檢討評估，於 1997 年度底前提報本會核議。

原始檜木林中的倒木、枯樹，要不要移出？這成為搶救檜木林運動中主要的爭辯。圖為鎮西堡自然倒下的巨大檜木。

攝影 @ 李根政

二、大溪事業區 92 林班 1994 至 1995 年度跨年度作業部分，其中 5 株欠缺樹頭烙印，究係枯立木或生立木採伐難免啟人疑竇，應請詳加查察。有關樹頭烙印及材積檢尺放行應由林務局研訂辦法加強管理，以杜流弊。

三、集材架設索道其寬度均在 30 公尺左右，沿途之大小生立木已有遭受傷害跡象，應力求避免之。

四、枯立木之採伐，雖以控制倒向之「繫留伐木」作業，周圍之生立木及林地仍遭不同程度之傷害，其生立木如因作業不慎碰倒，仍應依規定補辦手續始得運出。

省議會指出了退輔會森保處在整理枯立倒木的同時，

移出原始森林的枯木、倒木，過程中勢必傷及索道兩側的樹木，也衍生了砍伐檜木活樹（生立木）的問題。

攝影 @ 柯金源

1999 年 11 月 26 日為抗議農委會舉辦的枯立倒木作業評估會議。高雄市教師會生態教育中心和高雄、台南、愛智圖書公司員工等愛林人士，到農委會前抗議。

攝影 @ 李根政

可能有砍活樹（生立木）的疑慮，集材過程難免傷及無辜的活樹，而且當年是森保處自行查驗，違反了林產物伐採查驗規則，應由林務局負責查驗把關，等於是球員兼裁判，即使有不法行為也無從驗證。

全國搶救棲蘭檜木林

　　為了應付省議會的關切，1998 年 5 月森開處邀請了宜蘭仰山文教基金會，以棲蘭山生態之旅活動名義前去參訪，並打算將此活動座談紀錄視為申請「2000-2004 年度的枯立倒木整理計畫」的附件。沒想到，活動經過參與者賴春標（山林工作者）、林聖崇（台灣綠色和平組織會長）等人將退輔會森開處還在砍檜木的訊息揭露出來，就此引爆了保護棲蘭檜木林的大規模群眾運動。

　　1998 年底，保育團體串連組成「全國搶救棲蘭檜木林聯盟」，發起全台連署等行動，長期研究台灣檜木林生態的陳玉峯教授，開始全台巡迴宣講，其中在台中與高雄辦理的「環境佈道師營隊」，影響了許多人成為森林運動的參與支持者。

　　1998 年 12 月 9 日鍾淑姬國代向李登輝總統要求簽署搶救棲蘭檜木林，總統回應指：「妳被騙啦！」就此揭開了棲蘭案的媒體效應。此時救林聯盟已積極推動萬人簽名連署、遊說六縣市長支持成立檜木國家公園，保育團體紛紛在各地展開串連、召開記者會呼籲停止枯立倒木的整理。

　　12 月 21 日救林聯盟召開記者會正式指控，並宣布 27 日將在台北展開大遊行。同時由於發現砍生立木之懸疑案，炒熱了媒體報導；27 日，來自全台各地 3,000 位愛林人士參與「為森林而走」大遊行，近 10 萬人連署；30 日，

陳玉峯教授，全台宣講檜木林生態，鼓吹搶救棲蘭檜木林。
攝影 @ 柯金源

全台灣有 10 個縣市，包括台北、花蓮林田山、台中、嘉義、高雄等地舉辦跨年晚會為森林守夜，讓搶救棲蘭檜木林的群眾動員達到最高峰。

在一連串的施壓行動之後，隔年 2 月 10 日，農委會林業處長陳溪洲對保育團體、立法委員以及媒體記者公開聲明：「枯立倒木準備到今年 6 月結束，同時第三期的枯立倒木整理，我們不會再做下去」。但是，3 月 10 日農委會主委彭作奎則於記者會答覆記者詢問，表示第三期作業將由專家學者與民間團體評估後，決定是否續作，彭主委語帶保護的模糊態度，讓保育團體轉而對行政院施壓遊說。

1999 年 4 月 15 日，全國搶救棲蘭檜木林聯盟拜會了行政院劉兆玄副院長，劉副院長明確表示，退輔會森保處枯立倒木整理第二期作業在當年 6 月 30 日結束後，不會再有第三期作業。劉兆玄院長的表態是救林運動很大的戰果，影響了國民黨立委在國會中的態度。

4 月 22 日，立法院審議退輔會枯立倒木收入預算，不分黨派的多位立委都主張刪除 4 億 1 千萬元，但徐少萍立委則主張減列至 6 千萬至 1 億，讓森保處可以標售已經砍下來運到宜蘭市區的檜木。

4 月 28 日，立法院國防、預算、衛生環境社會福利委員會召開第三次聯席會議，國民黨和民進黨針對退輔會 88 年下半年以及 89 年度之預算，協商出共識並作成決議：

賴春標先生在二次的森林運動中，都是主要的揭露和紀錄者。

攝影 @ 柯金源

1、有關枯立倒木銷售收入編列 4 億 1,250 元，刪減 3 億 1,250 萬元，保留 1 億元，並不得再砍伐；有關森保處之保育工作，動用行政院第二預備金處理。

2、其餘照列。另擇期到棲蘭山考察。

雖然這與保育團體要求全數刪除有落差，但是，阻止退輔會在棲蘭山砍伐枯立倒木的運動暫告成功。

林聖崇先生和生態保育聯盟在立法院的遊說，是刪除退輔會森保處檜木收入預算很重要的工作。
攝影 @ 傅志男

回顧這段運動，賴春標先生的現場記錄，陳玉峯教授的生態研究及全台宣講，成為群眾動員的基礎，各地群眾的響應則給了國民黨政府很大的壓力，成為立法院遊說的重要支撐。在立法院中，台灣綠色和平組織林聖崇會長運用對民進黨立委的影響力、生態保育聯盟許心欣等人擔負起祕書處的後勤組織工作，協調了包括台北鳥會、關懷生命協會（釋悟泓祕書長）、自然生態攝影學會、主婦聯盟等許多組織代表，進行了綿密的國會遊說。當年的立法院，軍系立委的影響力很大，但保育團體成功的鬆動了國民黨、新黨立委，包括李慶安、謝啟大都做足功課質詢退輔會，趙永清、陳學聖也都積極參與；民進黨立委包括林重謨、曹啟鴻、湯金金、賴勁麟等人都積極參與並且強力質詢，當年的立法院有一個跨黨派立委組成的永續會，很關注環境議題。這些立委大都是永續會的成員。

回顧歷史，我的看法是：退輔會森林開發處，雖然在 1993 年改名叫森林保育處，但實際執行的還是換湯不換藥的伐木事業，只是規模縮小到枯死和倒下的檜木，而且

1998 年第一次搶救
檜木林遊行。
攝影 @ 柯金源

還衍生了許多弊端，這是台灣大伐木時代的尾聲，枯立倒
木作業停止後，台灣官營伐木事業才真正結束！

失焦的對話：保育和林業

檜木林中的「枯立倒木」要不要整理、森保處是否有
砍活的檜木，是這波森林運動的焦點。退輔會森保處的作
業方式是將檜木的枯立倒木搬出，在沒有活樹或長得稀疏
的地方，進行橫坡水平帶狀整地、或小塊整地，同時採用
天然下種及人工造林等方式進行檜木造林，他們聲稱這種
作業方式為做「保育」。

1998 年底，陳仁智檢察官曾在媒體投書表示：偵查
員花了 5 個星期，會同森林開發處及林管處人員，住在山

上，對於砍伐的林木每棵加以編號、拍照、錄影，一共調查了 3 個林班，調查 1,314 棵已砍伐的林木，其中大部分是台灣扁柏及紅檜，都是珍貴的針一級木。調查結果顯示，94％以上均未蓋每木調查印就加以砍伐，已為跡地檢查的林班中，也有高達 76％以上未蓋跡地檢查印，但調閱林管機關的檢查報告竟然都寫著未發現違法砍伐等詞句。……可見現場作業人員及相關人員根本不在乎有無蓋印，一律照砍，包括生立木也砍（註 2）。

1999 年 4 月 22 日，立法院審議退輔會枯立倒木收入預算，在立委質詢中，退輔會李禎林主委（中將）透露了，在棲蘭山作業的工人有 108 人，含眷屬有 400 多人是賴此伐木事業維生，但荒謬的是，工人當中沒有一個具有榮民的身分，這讓退輔會森保處存在的正當性，受到根本的質疑。

但是，為什麼這麼一項不合理的作業，可以這樣持續下去？全台灣只有棲蘭山在砍伐枯立倒木？森保處李惠鈞處長答覆立委的質詢時，提出了 3 個條件：要有檜木森林、林道、技術，森保處這 3 者都有，但林務局不具條件。而且說明全台灣 6 所森林系中，他所接觸的 80％的教授，有 90％都支持這項作業。

這說明了：檜木的高經濟誘因，還有森林學界的支持，是支撐這項作業的原因，保育則只是表面的遮羞布。

森保處認為自己是在做「保育」的理由摘要如下：

1. 檜木林相老化，根盤甚淺，極易發生枯死及風倒現

象，依據台灣省林業試驗所調查，該區域枯死木及風倒木佔林區林木蓄積量之 24％，連同缺頂木則高達 39％。

2.因為林相嚴重破壞，下層雜草叢生，林木種子無法下種著土發芽生長，經調查下層幾無檜木幼樹存在，且因檜木並非極盛相樹種，以致在自然演替過程中有將逐漸自然消滅之勢。

3.在良好立地或殘留少數之巨木，有待人為力量加以救助維護；

4.大溪事業區丁作業級現有林道兩側可作業範圍天然生檜木林，因林相老化，枯立倒木為數頗多，如任其置散於林地，將有下列不良後果，包括影響水源涵養、容易引

2000 年 12 月 30 日，守護森林大遊行，要求成立馬告檜木國家公園，永久禁伐天然林，原住民加入請命。

攝影 @ 柯金源

起森林火災、影響水庫安全、森林資源未予妥善利用等。

　　台灣林業學界進一步以人工整理可以促進檜木更新，做為支持的理由。例如，台大森林系教授郭寶章（1992）聲稱：在自然之演替中，檜木幼苗並非優勢之樹種，其不能與闊葉樹及雜草競爭，因而達成更新之自然演替，必參與人為的整地與控制雜草競爭之作業，輔導會森林開發處已提供成功之經驗（註3）。

　　台大森林系教授李國忠（1992）則說：枯立倒木整理保育作業對於幼苗與次生林之生長確實有其良好成效；整理作業之重點之一係提供次生林的生長空間，除了符合再生性自然資源特性，並可由此達成天然更新效果，建立健壯天然檜木林相，增進水土保持之功能（註4）。

　　森保處和一些林業學者甚至認為，檜木林如果沒有人為介入經營，有一天可能會走向滅亡，不斷的重申：「森林一定要經營。」

　　救林人士則對此提出了諷刺性的說法：檜木林已存在百萬年，所以過去可能是外星人、台灣獼猴來幫忙整理？退輔會森保處幫忙整理檜木林剛好是救星？

　　對此，長期研究台灣植物生態，對檜木林做過詳盡研究的陳玉峯教授寫了很多文章駁斥，摘要說明如下：

　　首先，所謂風倒、枯死、欠頂等林木達蓄積量39％之說詞，其實只是1975年洪良斌（林業試驗所技士）調查94、52林班地的資料，但被林業界過度泛指成棲蘭檜木林之錯誤數據，其後經不斷複製引用，成為伐木有理之

說詞。

再者，關於檜木林更新的議題，根據柳榗（林試所教授）在 1971 年的研究指出，檜木之所以保存與延續，是由於過去火災及崩山所致；林則桐、邱文良在 1990 年發表的研究指出研究鴛鴦湖扁柏林的檜木之天然更新良好等。而陳玉峯在關紅檜林之更新原理的研究，指出了台灣由於地震產生的天然崩塌，以及河川向源頭侵蝕後，產生的新生地，是紅檜得以大規模天然下種，生生不息的原因之一。

枯立倒木則是天然森林中的自然現象，不會影響檜木林的天然更新，阿里山森林遊樂區內處處可見檜木小樹長在倒下的樹幹或砍伐後的樹頭上。

陳玉峯教授批評檜木林終將自行消滅的說法，忽略了長期演化的背景，抹煞日治時代以來的研究成果，是為了伐木發展出的假學理。而且提出了「**土地公比人會種樹**」的口號，來形容台灣天然的森林是自然演替形成，從來就不是人為種植。質問：「為何百萬年來，檜木林無人整理，卻不會滅絕？」（註 5）

環保人士主張的「土地公比人會種樹」，和部分林業學者主張「森林一定要經營」彷彿是平行時空的對話。這在森林的經營管理上，其實完全是 2 種目標和作法。**前者講的是，透過大自然可以自力復育，適用在儘量減少人為干擾的天然林、生態保護區；後者則講的是透過人為經營人工林，可以提高木材利用價值，適用於經濟性的人工**

山胡椒——馬告
攝影 @ 李根政

林。如果政府有明確的山林政策、做好森林和土地的分類
定位，這 2 種經營理念就不會矛盾。

　　遺憾的是，林業界把改造原始林成為人工林硬冠上
保育之名，試圖延續大伐木時代的作法，導致極度混淆且
失焦的對話。

催生棲蘭（馬告）檜木國家公園

1999 年 6 月，退輔會森保處停止檜木枯立倒木作業

的那一刻，代表台灣官營和軍方系統的伐木事業全數畫下句點，但以退輔會和農委會林業處為首的林業體系，還是不死心，試圖以一連串的枯立倒木評估會議進行翻案。

　　1999 年 11 月，我擔任高雄市教師會生態教育中心主任，動員了一群基層教師和社會人士，到農委與伐木派對壘，試圖影響評估會議，但是，難以捍動伐木派持續的運作。這讓全國搶救棲蘭檜木林聯盟有很強烈的危機感，因而開始推動成立國家公園，尋求檜木林可以得到永久的保障，宜蘭地方人士亦由田秋堇女士領銜成立了「棲蘭檜木國家公園催生聯盟」。從此，台灣地理上距離最遠的 2 個縣市的運動人士，開始成為往後森林運動最重要的伙伴。

　　到了年底，保育團體發起「保護千禧聖誕樹，催生棲蘭檜木國家公園」遊行（踩街）活動。這場活動，主要由在台北的荒野保護協會籌辦，田秋堇女士負責籌募資金，李根政等人在中南部發起動員。在台北市政府廣場的集會現場，民進黨由游錫堃先生代表陳水扁總統參選人承諾當選後成立國家公園，國民黨總統候選人連戰雖未到場，但也表態支持國家公園。

　　這場遊行中，泰雅爾族民族議會加入「反對退輔會，捍衛馬告山」訴求。爾後，成為有條件支持國家公園之力量，影響了保育團體肯認到國家公園的成立，必須尊重當地原住民族，並開啟了原住民與國家公園共管的制度倡議。

　　馬告是一種樟科落葉性小喬木或灌木，其中名為山

胡椒，拉丁學名為 *Litsea cubeba (Lour.) Persoon*，全株含有芳香辣味精油，果實多作調味品或食物，為泰雅族人用以為調味之民生植物，現在已使用於許多料理。棲蘭山，因生長許多名為「馬告」的植物，被泰雅族人稱為馬告山（'Buw Maqaw），為表示尊重當地原住民，在運動期間由民間提議，將棲蘭檜木國家公園更名為「馬告檜木國家公園」。

2000 年總統大選，在國民黨分裂的情況下，陳水扁意外當選了總統。為了兌現選前的承諾，由內政部成立了「馬告」檜木國家公園諮詢委員會，主要由李逸洋次長主持，營建署國家公園組擔任幕僚機關，委員會成員包括了環保團體和原住民代表。

泰雅爾族民族議會的阿棟・優帕斯（新竹縣尖石鄉鎮西堡部落）、歐蜜・偉浪牧師、黃榮泉長老（桃園復興鄉）、烏杜夫・勒巴克等人，長期致力於民族發展與保育的原住民力量，參與了諮詢委員會，試圖在政黨輪替之際，為自己的族人撐開與國家共管的政治空間，因而有條件的支持國家公園。

然而，國家公園的推動並不順利。

2000 年是台灣首次政黨輪替，國民黨結束了半世紀威權統治，民進黨第一次執政，在 520 總統就職前，林業官僚（以林試所為首）結合了森林學界，視為領土保衛戰，就在行政院通過一個面積高達 12 萬公頃的「棲蘭山國家森林生態永續經營示範區」，預計在隔年實施，仍然標榜

陳水扁總統在 1999
年參選總統時，承諾
當選要成立棲蘭檜木
國家公園。
2001 年 1 月 3 日，
陳總統由宜蘭縣長劉
守成，催生聯盟召集
人田秋堇等人陪同在
棲蘭山宣示會創造讓
原住民、保育團體、
政府三贏的政策。
攝影 @ 李根政

「森林一定要經營」，同時，不斷在國會進行遊說，全面抵制成立國家公園。

2000 年 12 月 20 日，馬告檜木國家公園諮詢委員會第 5 次會議，決議國家公園的範圍是 5 萬 3,000 公頃（圖 1），但由於林業界的反撲，民進黨政府處於進退失據的局面，行政院長唐飛函文指示：退輔會森保處管轄的 8 萬 7,888 公頃國有林地，除國家公園初估約 2 萬 7,000 公頃外，其他仍由森保處繼續經營管理。國家公園的面積在林業界的反撲下，整整減少了將近一半（圖 5）。這段期間的台灣猶如兩個政府。

為了持續對政府施壓，和林業界抗衡，**2000 年 12月，保育團體和泰雅爾族民族議會，鎮西堡、司馬庫斯部落共同走上街頭，要求一個和原住民「共管」的國家公園。**這場遊行，促成 2001 年 1 月 3 日，陳水扁總統在宜蘭縣劉守成縣長、陳玉峯等保育團體代表、阿棟・優帕斯等原住民代表陪同下，到了棲蘭山再度承諾確保檜木林的長存，然而，國家公園的推動還是陷入膠著。

除了政府體制內，林業機關不斷扯後腿，來自社會另一股對國家公園的力量也浮上檯面。

無黨籍高金素梅立委結合原住民部落工作隊（註 6），開始操作從日治時代以來原住民被壓迫的歷史情結，動員國家公園周邊的部落，開始進行反馬告國家公園運動，運動初期訴求自治，後期則要求和林務局、退輔會共管，隨後，賴春標先生以範圍畫設有問題，開始加入了反馬告陣

圖 5：棲蘭山各方角力之範圍示意圖 製圖：何俊彥

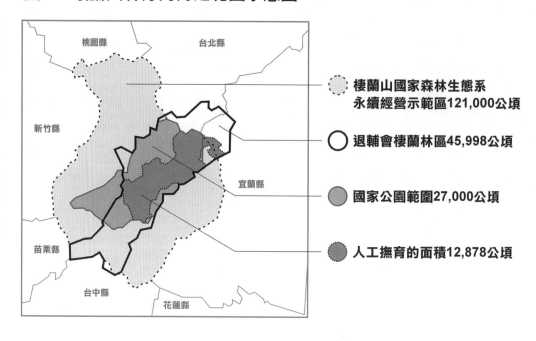

棲蘭山國家森林生態系
永續經營示範區 121,000 公頃

退輔會棲蘭林區 45,998 公頃

國家公園範圍 27,000 公頃

人工撫育的面積 12,878 公頃

營，正、反雙方形成了很大的社會拉鋸。

2002 年 10 月 25 日晚上包括國民親 3 黨立委陳道明、曾華德、廖國棟、林春德、蔡中涵，以及無黨籍立委高金素梅、瓦歷斯‧貝林等人，率領百餘位各族原住民人士，在凱達格蘭大道、總統府前以靜坐、搭帳蓬夜宿方式，號召原漢各界加入光復原住民傳統領域的行列。10 月 26 日，反馬告陣營更發動了千人在凱道「光復傳統領域」的集會，要求停止馬告國家公園的籌備工作，與林務局、退輔會森保處共管。

而支持馬告國家公園的這一方，也分別在當年的
2002 年的 11 月、2003 年 1 月，由保育團體和宜蘭大同鄉、
新竹尖石鄉、桃園復興鄉的泰雅族人對立法院、行政院進
行請願，要求通過馬告預算。

　　此時，國民黨的態度由原本支持國家公園，轉為強
力反對，當時立法院的政黨結構是兩大黨不過半，朝小野
大，無黨籍立委成為關鍵少數，2003 年 1 月 10 日馬告國
家公園之預算在立法院遭到凍結，國民黨、親民黨與無黨
籍的立委中，投票凍結預算者，包括曾在 1999 年支持國
家公園成立的 23 位立委。

　　雖然，2002 年 7 月 25 日馬告國家公園的畫設說明和
圖，已由內政部公告實施，但這個國家公園就此停擺。

原住民與山林保育

　　催生馬告檜木國家公園是台灣第一次保育團體和原
住民運動者結合的運動。面對退輔會的長年砍伐，保育團
體挺身抗爭；看到自然資源快速流失，有識的泰雅族人表
達深沉憂慮，阿棟・優帕斯（新竹縣尖石鄉鎮西堡部落）、
歐蜜・偉浪牧師、黃榮泉長老（桃園復興鄉）、烏杜夫・
勒巴克等人原住民運動人士，由於本身具有的傳統價值以
及對保育運動的理解，看到了改革的機會，因而主張以
「共管」做為原住民邁向自治的階梯，期望透過這座原住
民與國家共管的國家公園，建立起自然保育和原住民文化
傳承的新制度。

阿棟·優帕斯牧師在推動馬告檜木國家公園的過程中，曾經說：「我們現在的心態是要做主人的心態，但並不是自私的只為了我們的族群，而是為了全台灣。」共存、共榮、共享是催生馬告檜木國家公園的核心價值。

在推動國家公園的過程中，這群泰雅爾族的運動人士，奮力突破族群困境，展現開闊胸襟的氣度，至今我仍然深受感動，而且從中得到許多啟發。

然而，這群良心分子卻持續遭到攻擊。這其中難以擺脫的是黨派因素。馬告檜木國家公園諮詢委員會的原住民代表多數為基督教長老教會系統，由於過去民主運動的淵源，確實與民進黨較為接近，所以馬上面臨國民黨所掌控的原住民鄉行政系統，以及和退輔會相互唱和的原住民立委的抵制，不斷質疑其代表性，2000 年，第一波反馬告陣營質疑他們（長老教會、民族議會）是缺乏正當性及合法性的政黨外圍組織；2002 年，第二波反馬告陣營則是把保育人士和原住民，打壓成利益分子或出賣原住民的罪人。

但是，反馬告國家公園是為何而來？

反馬告陣營的訴求則是一變再變。從 2002 年 4 月到 2003 年 1 月，一開始定調為誓死保衛家園的聖戰，中期則訴求成立泰雅族自治區，讓台灣山林恢復 106 年前的茂盛狀態，後來轉變為要與林務局、退輔會共管。最終在預算表決前夕，則要求成立「馬告國家公園範圍畫設調查小組」納入 4 名周邊部落推選之代表，半年內重新畫設範圍

阿棟·優帕斯、歐蜜·偉浪牧師、黃榮泉長老、烏杜夫·勒巴克等人原住民運動人士，主張以「共管」做為原住民邁向自治的階梯，期望透過這一座原住民與國家共管的國家公園，建立起自然保育和原住民文化傳承的新制度。
攝影 @ 廖明睿

並公告，也就是並不反對國家公園，但在競爭主導權。

阿棟·優帕斯曾如此評論反馬告陣營：他們沒有部落的根，只有媒體；他們現在批判的第一個是「獨立」，再來就是長老教會（註7）。當泰雅爾族對成立國家公園正、反意見出現嚴重分岐，而漢人主導的部落工作隊，以原住民姿態操作反馬告力量時，誰代表原住民？當部落內部因不同的黨派、教派而對立時，原住民的主體性又在那裡？這是今天在討論原住民自治，或者自然資源管理、狩獵等制度建構都會碰到的課題。

另一個爭議的焦點是保育和開發。

反馬告陣營宣稱交由「泰雅族自治區」進行山林的保育工作，台灣山林恢復106年前的茂盛狀態是可以期待的。但這波反對設立理由，並非在於國家公園欠缺保育措施，而在於限制。

復興鄉長林誠榮的話最具代表性：「原住民已經十分可憐了，海拔370公尺以下土地，納入石門水庫水源保護區無法墾殖使用；海拔800公尺以上土地，又受到林務局的森林法等相關規定管制、約束，目前復興鄉民僅能使用海拔兩者間的原住民保留地，但仍要受到水利法、水土保持法等相關法令限制。……一旦畫入馬告國家公園，勢必又多一條國家公園相關法令約束，完全扼殺鄉民的居住、墾殖、打獵與採藥等謀生機會。」

另外，大同鄉代表潘清池就表示：「後山地區的南山與四季，已成為台灣地區有名的高冷蔬菜專業區，馬告國

家公園一旦成立，後山地區住民取水勢必發生困難，數十年來辛苦開闢的蔬菜專業區將化為烏有。」（註**8**）。

　　實際上，馬告國家公園的範圍不包括保留地，取水是假議題，但確實對國家公園範圍內原住民的狩獵、採集活動有影響。因此，當時對於國家公園法第 13 條相關的規定已有修法鬆綁之議。另一方面，原住民保留地的墾殖，如大同鄉的高冷蔬菜、茶葉，復興、尖石鄉的水蜜桃等，如何環境安全與生態保育如何取得平衡，則最嚴峻的考驗，但這並非國家公園範圍內的課題，而是整體山地農業政策。

　　對於部落提出的憂慮，能否透過國家公園的設立去處理？曾經在玉山國家公園擔任保育課長的陳玉峯教授認為，即便國家公園法不修改，政府還是可以有所作為。

　　因此，陳玉峯研擬了「馬告檜木國家公園共管機制契約書草案」，希望由行政院長和原住民四鄉鄉長簽約，確保國家公園的共管機制。

　　草案中有 5 個面向：

1. 原住民文化保育暨生活型之保障；

2. 原住民生計之開創；

3. 國家公園管理處人事任用權方面；

4. 國家公園保育精義的實踐；

5. 設立「馬告檜木國家公園規畫諮詢委員會」，這個契約書草案得到行政院的支持，經林盛豐政務委員一一打電話與 4 鄉鄉長確認，其中尖石、烏來、復興鄉長皆認

可，僅大同鄉長陳傑麟語帶保留。不過，原先預計 2002年 6 月簽署活動，在遭到高金素梅立委等反馬告國家公園陣營的杯葛而夭折。

2002 年 10 月 26 日的反馬告遊行之後，引發了原住民運動路線的討論。

達悟族的夏曼‧藍波安說：

1980 年代初期，台灣原住民運動受當時在野民主運動的啟發，也開始萌芽，近 20 年的努力，無非是在追求泛原住民族的集體政治人格。然而，時至今日，舊政府已經換成了新政府，我們原住民的政治運動卻停留在街頭的「吶喊團結」，尚未從「街頭戰場」轉換至與新政府坐在「平台」上，展開實質的自治談判；

台灣的民主政治運動已從全國性政治領導權的爭奪，逐漸向以地方知識分子為主的基層社區民主的營造，這時候我們原住民族的政治人物卻仍然無法跳脫傳統權利意識與悲情訴求，沉靜下來在各族群內部從事民族智慧的啟蒙，建立族群共同體，尋找族群自治的新機制與模式（註9）。

鄒族的浦忠勇則表示：自治，顧名思意即應彰顯原住民主體、自覺與自決，不能由國家要求原住民自治才去自治；現在要談自治，應先建立部落民族內部的對話平台（註10）。

兩位原運人士的看法是：原住民權益運動最優先的是要透過對話，建立內部的共識，而且應該從「街頭戰場」

轉換至與新政府坐在「平台」上，展開實質的自治談判。

　　馬告檜木國家公園雖然停擺，但「共管機制」被正式納入了原住民基本法中。2005 年初立法院通過原住民基本法，第 22 條中規定：「政府於原住民族地區畫設國家公園、國家級風景特定區、林業區、生態保育區、遊樂區及其他資源治理機關時，應徵得當地原住民族同意，並與原住民族建立共同管理機制；其辦法，由中央目的事業主管機關會同中央原住民族主管機關定之。」

　　政府與原住民共管機制因為馬告國家公園的倡議，成為朝野共識，並進一步在原住民基本法法制化，但要落實原住民的知情或同意權，仍然困難重重。

　　2008 年 5 月 7 日，內政部研擬「馬告國家公園計畫」（草案），經行政院第 3091 次會議決議「准予備查」。在陳水扁總統時期二次擔任行政院長的張俊雄提示：「關於馬告國家公園相關後續的推動工作，請內政部依國家公園法規定程序儘速報核，並請相關部會給予協助，積極推動辦理。」

　　2008 年 5 月 20 日，國民黨重新執政。10 月 3 日，內政部國家公園計畫委員會第 79 次會議決議，籌組成立專案小組進行意見的溝通整合，修正計畫內容後再行提委員會討論。11 月 27 日，內政部國家公園計畫委員會第 80 次會議決議：原則同意通過「馬告國家公園計畫」（草案）內容。但是，有關本案如何參照原住民族基本法第 21 條徵詢或諮商原住民族意見事宜，請行政院原住民族委員會

提供相關徵詢或諮商對象、方式及標準作業程序等運作機制資料，俾據以進行後續相關事宜。

2009 年 2 月 2 日，內政部再函請行政院原住民族委員會提供相關具體辦理方式，但並未得到具體的回覆。（註 11）。

馬告國家公園的進度就凍結在這裡，至今尚未成立籌備處。不過，退輔會森保處將隨著行政院的組織改造，正式裁撤，併入森林及保育署。軍方體系經營國有林的時代確定走入歷史。

2016 年政黨第三次輪替，民進黨上台後，蔡英文總統正式向原住民族道歉，並且在總統府成立了原住民歷史正義與轉型正義委員會。然而，有關傳統領域畫設是否應包括私有地，還在爭議當中，而林務局主管的植物採集、狩獵議題，同樣面臨社會意見的紛岐。

台灣原住民是百年來殖民政權和山林開發的犧牲者，如何彌補傷痕，迎向族群和諧，是政府和社會共同的責任，更考驗著這個世代的集體智慧。原住民族基本法所宣示的原住民土地、自然資源的權利，與山林治理機關建立共管機制等，既是原住民發展，也是總體山林政策的關鍵課題。**這當中，很需要制度性的配套，部落由下而上的動能，從馬告國家公園的推動經驗來看，這是條漫漫長路。**

社會運動與改革之窗

2000 年第一次政黨輪替時，民間團體對執政的民進

黨抱以高度的期待，然而，在馬告檜木國家公園推動過程中，唐飛乃至張俊雄兩任行政院長，在面對舊有官僚反撲，都採取了妥協策略，直至游錫堃上台之後才有所改觀。

其中，共管機制在交予行政院原民會討論數月，幾乎見不到任何進展。而反馬告陣營發動一連串動員抗議、媒體、公聽會等異議，有整整 9 個月時間，無論是行政院或內政部，都只是按法定程序推動，從未主動出擊、釐清真相，只有被動的書面澄清。未能有效、積極釐清外界的疑慮，令人質疑政府的能力以及落實承諾的誠意（註 12）。

對於民進黨執政後推動的困境，主推本案的林盛豐政務委員曾辯解：「理念上是都沒有問題，可是大家在實務操作上慢慢一直妥協，所以它理論上本來就會走樣，我跟大家講在實作上有幾個問題，第一，遭遇到實作技術的問題；第二，原來的體制是跟著舊政府建立起來，我們要在短時間……30、40、50 個人上來執政，你以為世界就變了嗎？」「政治情勢不穩定，即使像我們這種自認有理想的政務官，今天的承諾，仍然很可能明天就要改寫了，我們不是故意要騙，但時代總還是不停的往前走，當價值建立在事務官身上時，事情將更容易實踐，我們政務官只是在前線衝刺而已（註 13）。」

前政委林盛豐的說法確有部分真實，短暫的執政要革新國民黨 50 年的沈痾何其困難，政府機關之低效率與

無能或相互抵制，都可能使所有的美意大打折扣，法令制度僅是規範公務人員能做什麼、不能做什麼，新政策的開創如沒有適當的人才，積極的推動，任何改革都可能夭折或質變。

除了政府內部，立法院的預算審議也是充滿變數。

當年的政黨政治情勢相當複雜。立法院藍、綠兩大陣營皆未過半，無黨立委成為朝野爭相拉攏的關鍵力量；1999 年底的大遊行，國民黨總統候選人連戰也曾表態支持國家公園，但在政黨輪替後，2002 年國家公園反倒成其進行杯葛、反對的目標；2003 年初馬告國家公園預算在立法院表決前夕，原本誓死反對國家公園，並發起保護家園聖戰的立委高金素梅，轉而和執政黨協商達成「保留 300 萬，半年內重新畫定範圍並公告」的結論，反馬告的主要地方人士也同時呼應，但是，國民黨、親民黨、無黨籍並不認帳，最後預算案還是以藍、綠對決之姿，讓本案胎死腹中；國民黨、親民黨與無黨籍的立委中，投票凍結預算者，包括曾在 1999 年支持國家公園成立的 23 位立委。

綜上所述，可以發現議題本身的是非曲直並不重要，當碰上政黨鬥爭時，政黨、政治人物可以前後矛盾，昨是今非，完全不必對人民負責。

而就社會運動的角度，適逢第三次政黨輪替，民進黨再度執政後，反核、反空污的運動都獲得了政治承諾，開始推動各項政策，少數幾位運動人士入閣，或者被執政

黨吸納為不分區立委。馬告的經驗很值得拿來討論。

　　社會運動通常都是從事體制外的抗爭，但是，當政府接受了社會運動的訴求，成為政策之後，運動團體或個人要和政府維持什麼樣的距離？從反對運動如何走到參與建構？

2001 年，抗議民進黨打算將台灣森林經營管理方案中的全面禁伐天然林，修改為原則禁伐天然林。
攝影 @ 廖明睿

　　馬告國家公園以及共管機制的籌碼來自「保育團體推動國家公園的社會壓力，加上陳水扁總統的承諾」，這是民間努力而來，並非主政者的賜予，即使握有執政者的政治承諾，也不等於「政府敞開改革大門」，仍須一波波的衝撞，才有機會在政策上真正體現民間運動的訴求。

　　從 2001 年 5 月到 10 月間，環保團體和原住民的代表，耗費心力參與馬告檜木國家公園諮詢委員會的運作，雖然提供了幾項重要的建議，然而，由於政府不肯投入資源進行調查、研究、進行更多的對話，讓倡議國家公園的團體和人地士，夾在政府內鬥，與社會運動的對立困境中，進退失據。

　　民間參與政府委員會的運作，代表社會運動迫使政府釋出部分決策權，民主參與前進。但是，在這種多元參與、尊重各方意見的表象下，卻可能讓政府的責任被稀釋，成了一種拖延策略；尤其當政府未投入資源進行研究、整合與對話，民間也被迫擔任一部分執行者角色時，不僅形同壓榨民間勞力、智力，也使得角色模糊，容易在集體運作下，淪為政策背書的工具。

　　少數與會的意見領袖，如果背後沒有專業團隊的支

撐，在頻繁的參與、開會過程中，其建言也可能漸次淪為空洞化。同時，參與要付出相當的人力、金錢和時間等，以目前台灣環運團體的規模，這是否為有效的運動途徑，值得隨時依據情勢進行評估。更重要的是：民間參與的背後，如果欠缺外部壓力做為後盾，政治承諾更容易跳票。

促進改革的道路上，社會運動包生還要包養，在能量有限的情況下根本做不到，如果擁有資源的政府採取被動的姿態，改革之路勢必緩慢。

插曲：民進黨政府鬆綁天然林禁伐令

在推動馬告檜木國家公園的同時，我和伙伴們仍在處理其他森林議題。2001 年 10 月 30 日，農委會召開了跨部會協商會議，將 1991 年頒布的台灣森林經營管理方案第 8 條的「全面禁伐天然林」，將改為「原則禁伐天然林」。同時將伐區面積也從「每一伐區皆伐面積不得超過 5 公頃」修正為「每一伐區皆伐面積以不超過 5 公頃為原則」，意圖推翻了維持 10 年的禁伐令。

當時，我們正在推動「一人一信森林保家園」的寫信運動，呼籲山林政策總檢討，成立馬告檜木國家公園，共有 12 萬人響應，寄明信片到總統府，在召開記者會之後，民進黨政府才收回成命，維持天然林禁伐令。

事實上，民進黨第一次執政，仍然延續了國民黨政府的經建掛帥，「新十大建設」某種程度是向蔣經國致敬，當年，台塑煉鋼廠、蘇花高速公路、4 大人工湖、湖山水

庫、高屏大湖等開案，引起了環保團體的強力抗爭。

環保團體的處境是，在某些政策得到政府接納，意味著和展開和政府的討論與合作，確保政策被落實；和政府有矛盾的個案或政策，還是得持續採取行動，對政府施壓。這是社運的常態，但不一定能為公眾所理解。

搶救檜木林與我

從搶救檜木林到催生國家公園，我認為最大的成果為阻止了退輔會之枯立倒木作業，藉此揭開了國府治台林業的黑箱，讓許多公眾了解台灣森林開發與檜木林生態，可說是台灣森林的文化啟蒙運動；另一方面，雖然馬告國家公園未能成立，但開啟了國家公園與原住民共管的倡議。

當年，我是一個青澀的運動者，在那段充滿挑戰的混沌時光裡，為了推動馬告國家公園，常常從高雄的烈日轉赴冷冷的台北，我和田秋堇女士、阿棟·優帕斯牧師被部分原運分子為文批評是偽善、偽民主，還被中國時報的社論影射推動國家公園只是為了要當官（註 14）。

面對批評，內心有所不平，但 20 年來並未忘卻守護台灣山林的初心。馬告檜木國家公園運動受挫之後，我和伙伴們仍持續追蹤著造林、礦業等山林政策，這個故事是我很重要的啟蒙和動力，從中得到許多的養分。

馬告檜木國家公園範圍

　　馬告檜木國家公園範圍之選定，係以紅檜及台灣扁柏所組成之台灣原生檜木林自然分布區域為優先考量因素，並兼顧與雪霸、太魯閣國家公園共同擔負之中央山脈綠色生態廊道保育功能，以確保集水區地形之完整，發揮生物多樣性保育之最大效益。原住民保留地未劃入

圖6：馬告檜木國家公園範圍圖

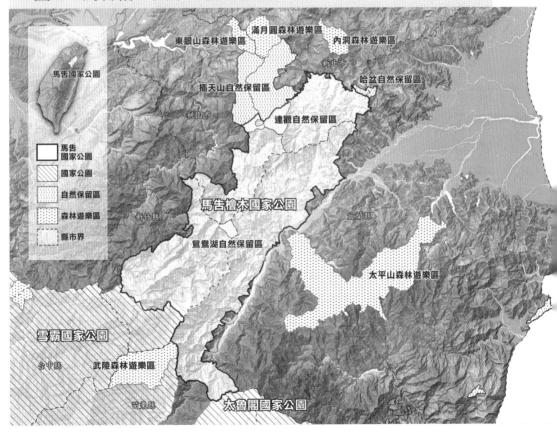

資料來源：本圖依馬告檜木國家公園諮詢委員會的圖重新在 GIS 定位改繪。製圖：陳泉潽

國家公園。

馬告國家公園面積總計約 53,602 公頃。行政區界包含台北縣烏來鄉約 8,734 公頃、宜蘭縣大同鄉約 21,426 公頃、桃園縣復興鄉約 9,272 公頃、新竹縣尖石鄉約 14,170 公頃。土地權屬分屬行政院退除役官兵輔導委員會及行政院農業委員會轄管，其國有林班地面積分別約為 43,000 公頃及 10,000 頃。範圍界線及其資源特性簡要說明如下：

北界：以塔曼山 (2,131m) 向北環繞茶墾 (1,130m)，再右接模古山 (1,457m) 至中嶺稜線為界。界線以南可包含屬於烏來事業區，擁有台灣檜木分布最北界之原生檜木林，以及生棲其間之針闊葉混淆林生態。

東界：由中嶺南轉稜脊，下至蘭陽溪河床邊之牛鬥橋，再沿蘭陽溪左岸，在南山附近沿逸久溪右攀中央山脈北段南湖北山左側之夜珍加 (3,141m)，並與太魯閣國家公園相鄰接。界線以西包含涵蘊檜木林及針闊葉混淆林之太平山事業區，及具有大甲溪與蘭陽溪形成之河川襲奪特殊地形景觀之大甲溪事業區一個林班地。

南界：由夜珍加左走多加屯山 (2,795m)，與太魯閣國家公園為鄰，並沿宜蘭縣、台中縣界，越過思源啞口 (1,948m) 向北接上屬於雪山脈之羅葉尾山 (2,717m)、喀拉業山 (3,133m) 與邊吉嚴山 (2,822m)，再下至泰崗溪沿支流至南馬洋山 (2,933m)，與雪霸國家公園之北側為界。界線以北保護了屬於大溪事業區鴛鴦湖南側之台灣扁柏純林及周遭自然原生環境，亦是本國家公園之精華所在。

西界：由南馬洋山 (2,933 公尺) 向北經薩克亞溪，沿稜線至基那吉山 (2,575 公尺)，沿鎮西堡、斯馬庫斯等原住民保留地外緣，由玉峰山 (2,313 公尺) 經石磊、抬耀、新興 (嘎拉賀) 等邊緣，匯入大漢

溪抵達大曼，再經由大曼溪至塔曼山。界線以東的範圍保護了馬告山原生檜木林，以及塔曼山附近之天然針闊葉混淆林（註 15）。

註 1：陳玉峯，1999。《搶救棲蘭檜木林運動誌上冊》；陳玉峯、李根政、許心欣，2000。《搶救棲蘭檜木林運動誌中冊》；李根政，2005。《民間催生馬告檜木國家公園之歷程與探討》碩士論文。

註 2：陳仁智，1998.12.14。〈履勘棲蘭山 曾見砍伐生立木〉。中國時報。

註 3：郭寶章，1992。《從天然檜木過熟林之枯死談更新之芻議》（抽印自中華林學季刊第 24 卷第 3 期），行政院國軍退除役官兵輔導委員會森林開發處。

註 4：李國忠，1992。中高海拔地區森林作業之影響與經濟效益評估枯立倒木整理保育作業，抽印自農委會暨林試所印行「中海拔針闊葉林之育林研究——八十年度研究成果報告彙編」，行政院國軍退除役官兵輔導委員會榮民森林保育事業管理處 1999 年印行，頁 26-27。

註 5：有關台灣檜木林生態、更新等相關議題，陳玉峯以台灣自然史第 4 卷「檜木霧林」詳細回顧從日治時代以來的研究，同時透過實地之調查驗證，闡述其學理，為截至目前為止最完整的論著。

註 6：原住民部落工作隊成立於在 921 地震之後，他們的宗旨是：民族解放運動。根據 2001 年的紀錄，其成員共有 7 位漢人、9 位原住民，執行長是張俊傑（參考台灣人權促進會，2002。為 921 而誕生的原住民族部落工作隊）。

註 7：2002 年 4 月 16 日，阿棟‧優帕斯與陳玉峯、林盛豐政務委員等之會談錄音稿，黎靜如整理。

註 8：2002 年 8 月 24 日，〈反馬告，喊出成立泰雅自治區〉聯合報 2 版，地方中心連線報導。

註 9：夏曼‧藍波安，2002。〈好好走我們自己的路〉，2002 年 10 月 31 日，中國時報 15 版時論廣場投書。

註 10：浦忠勇，2002。〈聆聽、對話與原住民自治〉，2002 年 11 月 5 日，中國時報 15 版時論廣場投書。

註 11：台灣國家公園數位典藏網——台灣國家公園史 https://npda.cpami.gov.tw/tab1/web1_main.php?mod=E2&page=1）。

註 12：此一階段的部長為余政憲，其任期從 2002 年 2 月 1 日至 2004 年 5 月 20 日，因 319 槍擊案請辭獲准；署長有二位，一為續任之林益厚（任期從 1999 年 1 月至 2002 年 8 月退休）；接任者為柯鄉黨（任期從 2002 年 8 月 2 日至 2004 年 6 月因病請假）。

註 13：2002 年 4 月 16 日，林盛豐政務委員與陳玉峯、阿棟‧優帕斯、巴燕‧達魯等人的會談錄音逐字稿整理。

註 14：2002 年 9 月 24 日，中國時報 2 版社論說：難怪反馬告者認為，這是一群想當官的人在搞另外一個國家機構，以便分名器和利益，所謂「生態保育」根本就是偽善。

註 15：2008 年 11 月，《馬告國家公園計畫草案》，內政部營建署。

第二部：
造林，
以國土保安為名
的森林毀壞
（2002-2012）

從 90 年代開始，台灣開始發生一系列的土石流災難，

1989 年東台灣的銅門災變、1990 年紅葉災變，開啟台灣山區災變惡化之警訊，

1996 年賀伯災變後，洪災土石流幾乎成為台灣每逢颱風豪雨的新常態，

那一年，行政院院推出了「全民造林運動綱領」，

以超越以往的獎勵金鼓勵人民參與造林，

宣稱可以達成國土保安、涵養水源、減輕災害。然而，不幸的是，

反而造成台灣低海拔森林的大毀壞。

2002 年，因為一個因緣，我和伙伴們開始發動「反全民造林運動」，

由於舉證確鑿，加上林盛豐政務委員，

游錫堃行政院長的見識和政治決策的勇氣，

終於在 2004 年停止了這個花費國庫 200 多億，

毀林超過 3 萬多公頃的荒謬政策。

但是，2008 年馬英九總統執政，

開始以減碳為名重啟大規模造林活動，再度重蹈覆轍。

這是顛覆多數國人認知和價值歷史篇章，

提醒國人，造林不一定是好事！

攝影 @ 傅志男

第三章

錯誤造林政策，
毀林 3 萬多公頃

2002 年，我們在一次前往屏東浸水營古道的踏查學習中，因緣際會目睹了造林現場。

這張合照的位置是大漢林道的檢察哨，當時進入原住民保留地仍然需要登記。

這天，檢察哨旁的電線杆上插了「保護森林預防火災」的顯目旗子，但荒謬的是，後方的森林全砍光了，前方的森林則是砍光了還放火燒山。

我們詢問了駐所的警察，他回答：這是為了參與政府的「全民造林」計畫，不燒土地沒有營養，樹長不好。

反全民造林運動

這天發生的事，令人感到不解和難忘。從此，我和高雄市教師生態教育中心的專職及義工（傅志男、林岱瑾、柯耀源、李怡賢、蔡碧芝等人），在楊國禎副教授的植被生態專業協助下，進行林地調查，揭露造林政策導致「砍樹、毀林，整地（引火），再種小苗」之事實。2002 年 5 月舉辦記者會，接著在立法院舉辦公聽會，我們的壓力促

上、右：2003 年 12 月 23 日，中 國 時 報。砍大樹種小樹，全民造林造假，高有智報導。

攝影提供 @ 地球公民基金會

成 2003 年減少了造林預算。

　　然而，砍大樹、種小樹仍在全台如火如荼進行。因此，當年底，我們再度揭發滿洲原生林伐林案，促請行政院停止這個政策。當年，我們邀請了中國時報記者高有智去到現場做了獨家報導，這篇報導引起林盛豐政務委員的重視。

　　2004 年 5 月 18 日，林盛豐政務委員終於前往滿洲造林地現勘，親眼目睹此一政策之謬誤，在場與台大森林系王亞男、中興大學呂金城教授激辯，隨後並要求林務局提出落日方案，但農委會堅持再推動 3 年共 4,140 公頃的造林計畫，於是行政院長游錫堃裁示要聽取「全民造林運動」

的專案報告。

2004 年 7 月 2 日至 7 月 4 日間，敏督利颱風在中南部造成嚴重的洪水、山崩及土石流等災情，史稱「72 水災」，在這個背景下，山林保育的議題得以受到重視。2004 年 7 月 15 日，我到行政院參與了決定全民造林運動政策的這場會議。

早上 10 點，林務局長顏仁德向游院長提出了報告，面對民間的挑戰和行政院的壓力，顏局長提出了林務局的落日方案，聲稱「經調查仍有裸露及崩塌地 837 公頃、廢果園地 277 公頃、伐木跡地 1,158 公頃、超限利用地 1,868 公頃，合計面積 4,140 公頃尚未造林，必須辦理。」因此，預計自 2005 年度起至 2007 年度止，預計再做 3 年才停止這項政策。

隨後，我則從屏東縣滿洲等造林地之實際案例，說明全民造林之實施現況為「砍樹、毀林；放火燒山、引火整地；重新種小苗」的三部曲運動，嚴重危及國土保安，同時批判林務單位以經濟林之作法推動這項國土保安計畫，建請行政院停止此一政策，重新研擬新世紀的山林政策。

我的簡報中呈現的照片和論述顯然得到游院長和多數與會者的認同。游院長一開口就令人訝異，他直截了當地說：「林務局的政策真的有問題！」這項政策明顯與國土保安背道而馳，要進行重大改變才行。他看著林務局報告封面的肖楠造林地相片，有感而發地說，這樣的景觀也許在 40 年前是成功的，但是如今考量經濟效益、社會成本

上、下：2004 年 5 月 18 日，林盛豐政務委員南下勘查滿洲造林地、座談（林盛豐現任監察委員）。

攝影提供 @ 地球公民基金會

等因素，則完全不划算，因此林業單位長期以「經濟營林為主的政策需要徹底改變」，另外附帶批判了退輔會所謂「森林一定要經營」的這套說法。

　　游院長以在宜蘭的經驗，舉了一個太平山造柳杉林的例子，說明在砍伐檜木林後，重新種的柳杉不如自然生的

這就是令我們震驚的造林地。在檢查哨的周圍，森林砍光，還放火燒山。

攝影 @ 李根政

紅檜生長來得好，本土植物較能適應在地的氣候、土壤等條件，該是檜木的原鄉就不該以人工去種柳杉，當時如果不造林，那個地方將成為一片美林。因此，如果是為國土保安、生物多樣性，崩塌地、廢耕果園、超限利用地、人造林地等應放任自然演替，無需人為干預。游院長清晰地指出，過去所謂的人工造林地，對土地復育也是一種干擾，未來都不應再撫育，應任由其自然演替。另外，更指示應研議明確畫分一定海拔高度等條件下，農業、造林等產業活動完全撤出。

另外，對於部分原住民立委長期以來都把獎勵造林之經費視為「福利政策」，農委會李金龍主委則主動表示他願意處理這個問題。

當天會後，我的心情激動，很高興 3 年來我和伙伴的努力，讓這個錯誤政策可以停下來。

7 月底，我收到了來自行政院祕書長函文（註 1），游錫堃院長指出：全民造林運動實施計畫之新植造林業務，自 2005 年起停辦，並妥為研擬相關配套措施，要求林政務委員盛豐主導成立跨部會的「72 水災災後重建小組」，就總體經濟、社會文化、生態保育及農民、原住民之補償機制等配套措施，研擬此次 72 水災之重建政策，並一併提出新世紀山林政策。

全民造林政策終於確定畫下句點，游錫堃院長和林盛豐政務委員在這件事的決策，在台灣山林保育的歷史應予肯定。

屏東牡丹鄉八瑤段的原住民保留地，為了造林，拓寬及新闢林道，所經之處森林全砍光（2003）。

攝影 @ 李根政

全民造林背景與作法

　　1996 年，在賀伯颱風造成嚴重的人命和財產損失之後，國民黨政府提出了「全民造林運動網領」，希望通過在山區種樹造林「達成國土保安、涵養水源、綠化環境及減輕天然災害」。為了增加誘因，在該年年底訂定了「獎勵造林實施要點」，以每 1 公頃 20 年為期，共撥給 53 萬元之獎勵制度（註 2），開始推動「全民造林」。自政策推出以來，陳玉峯教授即提出預警式之批判：台灣林務人士

屏東牡丹鄉八瑤段的原住民保留地，怪手和貨車正一面砍伐、整地，將一車車不值錢的木材搬出（2003）。

攝影 @ 李根政

長期扭曲生態道理，完全站在人類唯用主義，視林地為經濟搖籃的近利觀下，我們懷疑這波造林運動是否將墮入造新孽的危機（註3）。

步驟 1 全面皆伐次生或造林植被

根據我們從 2002 年展開的考察及口訪，為實施全民造林，通常要先開路，業者可能是拓寬或者新闢林道，林木全面皆伐，即使再大的樹也必需砍除殆盡，否則林農領不到獎勵金，等同於政府以政策鼓勵人民砍伐森林，而且，伐木之前必要開路，更對水土保持造成破壞。

步驟 2 放火燒山、引火整地

造林前要先整地，有些林地還放火燒山。2002 年，根

屏東縣三地門鄉德文
造林地，砍伐的樹立
主要是相思樹
（2002）。

攝影 @ 李根政

據口訪警察及林農表示：包括砍伐、燒山等程序一切合
法，都經鄉公所農業局及消防局核可，還特別強調，燒了
之後土地才有養分，樹才長得好，不燒根本無法造林。

步驟 3　種植林務單位分配之苗木

　　農政單位規定的樹種和類別僅有數十種（註4），許多
是外來種，不一定適合當地的土壤、坡度等生態環境條
件，突顯林務局所說的「適地適種」沒有被認真的執行，
例如，造林樹種有「相思樹類」，結果種的是外來種的耳
莢相思樹。這種硬性規定造林樹種的作法，包括了後來的
平地景觀造林，因為該計畫含休耕補助費 20 年合計的補
助達 161 萬，吸引了許多農民參與。我們曾訪談屏東滿洲
的謝裕光先生，由於非常熟悉恆春半島的植物生態，因
此，在自己的農地上種植了當地特有的植物，例如恆春楨
楠、穗花樹蘭、銀葉樹、梭欏樹、高士佛赤楠、賽赤楠、
小葉赤楠等珍稀優良的原本植物，卻在提出造林補助申請
時，被認為樹種不符規定。

步驟 4　撫育

　　根據「獎勵造林實施要點」第六條，規範造林存活率
需達 70％，才發給造林獎勵金。然而，有點野外經驗的人
都知道，地處亞熱帶的台灣，雨量不少氣溫高，野生植物
生長迅速，種下去的小樹苗，林農必須每年花費龐大人力
砍除原生植被──謂之「撫育」，讓造林木勉強存活，讓

屏東三地門德文造林
地，該地相當陡峭，
地質破碎（2002）。
攝影 @ 李根政

農政單位檢查。

步驟 5　20 年後，樹長大了再砍掉重新種植。

　　全民造林計畫根據不同的樹種，設定不同的輪伐期，
如柳杉 20 年、肖楠 50 年、桉樹 20 年等……，意思是林
木到期可以砍除販賣。

各方說法

　　從民間揭露砍大樹種小樹之後，農委會的說法如下。

　　2002 年林業處說：部分次生林，有形質欠佳或生長不
良者，應予以砍除，以建造更理想的森林。然將較大的次
生林砍除，再種較小的造林木，短期內似有不利於水源涵
養及國土保安之虞，但長遠觀之，成林後的造林地，因林
木生長旺盛，林木蓄積逐年增加，其吸收二氧化碳、緩和

溫室效應等公益功能，將遠超過生長不良的次生林。美國俄勒岡州即一直進行砍除赤楊次生林再種花旗松的工作；而澳洲亦將桉樹次生林砍除，再種植肯氏南洋杉、濕地松、放射松等，且均有很好的造林成果。（註5）

2002年，屏東縣政府因應監察委員要到造林現場履勘和約詢，回覆說：目前執行之全民造林運動計畫，立意雖好，然對原住民保留地，多少造成衝擊。有關報導「全民造林運動是鼓勵人民砍大樹、種小樹，本末倒置」係政府林業政策未及時調整所產生之現象，目前既有成林之林地，除位於禁伐補償區內可以獲得補償之外，集水區之久之成林地則因經費有限尚未列入補償。因此，即使伐木利不及費，山地造林不易，林農為了獲得造林補貼，仍願意依規定提出伐木申請，忍痛將已屆輪伐木之大樹砍伐後重新造林，以勞力換取微薄的補貼。此種現象在原住民地區極為普遍，以90年度為例，原住民保留地申請砍伐成林地準備造林約有116公頃。

目前獎勵造林規定必須種植獎勵樹種才可獲得獎勵，如果留存原生雜木，則獎勵金必須按比例計算，因此，林農為領取全額補助，不管原生苗木多好、多大，一律砍伐，種植規定苗木，如此，對政府並無節省公帑，對林農亦是增加造林成本，對林地更是一大傷害，值得決策者省思（註6）。

2002年10月2日，監察院財政及經濟、內政及少數民族二委員會聯席會議，公布林時機、林將財委會所提糾

正屏東縣政府案。案由為：「屏東縣政府未依法查察林地砍伐作業，應否辦理環境影響評估，即草率擅予核發採運許可證，對於轄內大漢林道引火整地之核准程序，亦失之草率；復於本案經媒體揭露近一個月及迨本院進行調查後，該府始至現場勘查，與森林法相關規定有違，洵未依法行政，行事消極怠慢。」屏東縣政府針對監察院之糾正，坦承在核定時內部有所疏失，但也強調造林政策有必要修正；同時表示，該地為原住民保留地，經原住民行政局、農業局核准，查驗後再依獎勵造林方式申請造林撥發苗木，皆依據森林法等相關規定進行，大漢林道引火整地為黃姓人士依規定進行伐木，伐木後也向消防局申請山林田野引火燃燒許可書，其疏失在於引火時應該通知附近的林農及縣府相關單位到場，但全案就少了這個程序（註7）。

2002年12月6日，因應監察院之糾正及疑義，農委會邀請環保署、行政院原民會、各縣市政府、農委會法規會、林業處、森林科、保育科、林務局等官方機關召開「研商實施全民造林相關疑義」會議，討論2項議案，1.森林伐木後更新造林是否應辦理環境影響評估。2.全民造林計畫實施相關疑義之探討。本次會議關於第1項之決議為：1.林地開發利用，應不包括林地更新造林之林木砍伐作業。2.未來將建議環保署修訂「開發行為應實施環境影響評估細目及範圍認定標準」第16條內容，以更明確定義來加以規範。

2003年，農委會正式函文：森林是再生資源，因為人

造林之後，政府規定了6年的撫育期，林農要定期砍草，才能確保樹木可以成長。這是在屏東大武的肖楠人工林（2003）。

攝影 @ 李根政

類每日需要使用木材產品，當林木長大後予以砍伐利用，然後再造林，是林業經營的正常現象。……伐採（砍大樹）後再造林（種小樹），是一種合理的森林經營方法，世界各國亦然（註8）。

2003年，我們揭露滿洲鄉小路溪林砍伐原生林，農委

會進一步聲明：森林係屬再生資源，其重要功能之一即為生產木材提供人類使用，只要將伐採、更新，在時間、空間（以小面積伐採為原則，禁止大面積皆伐）上加以妥善的配合及計畫性運作，不僅可重複收穫，生產過程亦可發揮國土保安、涵養水源、吸收二氧化碳、緩和溫室效應及美化景觀等公益功能，因此砍大樹種小樹對地球氣候變遷是有正面影響（註9）。

從這些聲明我們可以清楚的看出，農委會林業官員完全是在搞經濟營林，將林業大國的作法搬到地質危脆的高山島，合理化所有伐木造林活動，還宣稱對地球有益，實在很荒謬。

林業學者的說法和研究是什麼呢？

2004年5月18日，我記錄了台大森林系王亞男教授、中興大學呂金城教授在滿洲造林地，和行政院林盛豐政務委員激辯的說法：

眼見不能為信，手摸不能為證，今日所見不過是瞎子摸象罷了！現在看起來有錯，30年後未必是錯。

為了水源涵養，必須砍除雜木和藤本；為了水土保持，我們常常需要砍森林、種森林，為什麼呢？因為森林要保持一個良好的覆蓋率，比較良好的立木蓄積，它才能發揮森林的真正功能，過去林務局也努力將比較不好的樹種慢慢的加以改良，讓它變成一個非常健康的森林；「『全民造林運動』百分之百是對的！」現場的林務人員搭腔說：「我們不除舊怎麼佈新呢？」

整地之後，種植林務
單位分配之苗木。
這是在許多造林地看
到的外來種──耳莢
相思樹。
攝影 @ 李根政

　　上面的說法和農委會如出一轍，更延續了 80 年代「林
相變更、林相改良」的思維。文化大學森林系系王義仲主
任引用許多森林學者的數據，直接套用造林面積進行換
算，得出全民造林驚人的成果：

　　若以 1997–2001 年合計共造林 25,078.89 公頃計算，
20 年間全民造林總獎勵金額共 134 億 4,860 萬元。而效益
包括了：吸收 1,853 萬噸二氧化碳，共釋出 1,402 萬噸的
氧氣，固定碳素 311 萬噸；涵養水分 653.3 百萬立方公尺；
若以土壤流失做為增加社會效益的衡量指標，20 年的造林
效益則為 2,659 億元；在水質改善效益為 1,144 億元（註
10）。

　　總之，林業學者認為：全民造林雖然花費了約 134 億
元，但效益高達數千億元。

然而，這項紙上作業的研究基礎大有問題。林務局在核准造林獎勵時，並沒有要求申請人提出造林地植被現況的基本資料，而造林之後，只管造林木存活率是否達到 7 成，也因此，有多少地方是砍除了原有森林再造林？在空白土地上造林所增加的森林面積是多少？根本就無從求證。也因此，林業學者宣稱高達數千億元的社會效益簡直就是天大的謊言。

屏東滿洲造林現場

2003 年 7 月，我看到屏東滿洲的造林地，當中的感觸是：

在平地，茄冬樹被奉為神明，立法保護；

在山地，茄冬樹卻在錯誤的政策下一棵棵倒下。

荒謬，令人憤怒，欲哭無淚的造林現場。

2003 年 7 月中旬在滿洲村民謝先生的帶領下，筆者於一行人從 200 號縣道，經滿洲過響林右轉福興路，過福興橋前行，跨越港口溪的支流——小路溪，左轉福興一路（沿小路溪），西行到達小路部落，小路部落有位於小路溪的兩側，在部落中途左轉越過了小路溪，於村尾沿陡坡上行，到一海拔 210 公尺之山頭。調查區即於此山頭之西南側。

這一片造林地，為去年 10 月間砍伐後再造林的林地，在南台夏日的高溫和雨水的滋潤下，次生的植被已是生機

遠方我所觸摸的是砍除的茄冬大樹，右前方有一棵小樹，就是造林樹種——身莢相思樹。

伐木後再造林的小溪溝，土石已經鬆動。

攝影 @ 傅志男

蓬勃，芳香的植物食茱萸非常優勢，對於台灣植被沒有概念的人，對於現場「綠油油」的景象，可能會認為僅是一片荒地罷了，沒有感到任何不妥。

但是，在謝先生的帶領下，我們的腳步落在一小叢的茄冬枝葉旁，當長柄鐮刀砍除部分野草後，露出來的赫然是一棵直徑達 84 公分的樹頭，原來這些高約 1、2 公尺的茄冬枝條，其實是樹頭重新長出的小枝條。接著沿著溪谷，每隔 7、8 公尺，一棵棵的被砍的茄冬樹的樹頭就在草叢中一一出現，這樣的茄冬樹至少被砍除 40 幾棵，抽樣調查六棵茄冬樹，離地 30 公分的位置，樹徑分別為 84、111、90、105、130、76 公分。最大的一棵接近要 3 人合抱，這些茄冬樹大都位於溪溝旁，經砍伐後，現場地貌已完全改變，雨水沖刷嚴重。

然而被砍的不只是茄冬巨木，我們從現場各種樹頭的萌蘗枝條調查，在直徑 30 至 70 公分左右的喬木，還有白榕、大葉楠、樹杞、山菜豆、白雞油、土楠、朴樹、澀葉榕、七里香、無患子、魚木等；其他如九節木、山柚、玉山紫金牛、菲律賓饅頭果、九芎等則是廣泛分布，只是樹徑較小，未特別紀錄，而已完全死亡的樹頭則尚無法辨識。

一行人上行往西越過了皆伐後的溪溝，休耕的梯田，在一人高左右、濃密的次生植被中穿梭，身上滿是食茱萸的芳香。但在烈日的曝晒下，汗如雨下，很不舒服，待進入了未經怪手、刀斧肆虐的原生林中，才稍喘口氣。

我們調查了旁邊未砍伐的原生林，第一層喬木高約 20

公尺，主要是由茄冬、大葉楠、樹杞、稜果榕等榕屬的植物，其中以茄冬最大；第二層高度約在 10 公尺左右，有咬人狗、九芎、月橘、少數的榕屬植物；第三層高度約在 3 公尺，山棕極為優勢，草本層有少量的姑婆芋，細葉麥門冬、由於地表多數為大塊礫岩，故草本植物稀少。附近土壤層較厚的區域，大棵的茄冬樹數量仍多，其中一棵，直徑超過 150 公分，要 3 人合抱才能圍起樹身。面對這樣的茄冬樹與原生林，心中交雜著感動與遺憾，甚至帶著恨意，恨這愚蠢的官僚，短視近利的台灣人民。

這片造林地是屏東縣滿洲鄉九個厝段的原住民保留地，造林業者整合了 10 位地主，申請造林面積為 5.587 公頃，該地位於老佛山小路溪之上游，海拔約在 250–300 公尺之間，滿洲鄉公所於此特別興建之蓄水設施，顯見是很重要的水源地。區內的緩坡是廢耕的水稻田，溪溝則保留了原生林，裡面流水潺潺，構成美麗地景。推測溪溝原生林過去得以保存，除了太陡無法耕作以外，應與水稻需要水源有關。再者，恆春半島夏日常見的豪雨、冬季的落山風氣候特質，森林也可以阻擋強風，這種依存於森林的耕種方式，可說是原住民土地利用的傳統智慧。

台灣的低海拔地區開發最早，加上 1965 年以來推動的「林相變更」、「林相更良」等政策，原始植被幾已蕩然無存，僅餘部分破碎林分，尤其茄冬林更為少見。

令人傷心的是，砍伐原生林後所種的樹是：外來種的檸檬桉以及耳莢相思樹，從這個案例可以明白為全民造林

根據當時靜宜大學楊國禎副教授的勘查，他推估未被砍伐前的森林，是以榕樹、楠木、茄冬為主要組成的原生林，恆春半島的骨幹植群，通常位於全年氣候潮溼、溫暖，土壤發育良好，海拔300公尺以下之中下坡溪谷。

攝影 @ 李根政

運動所造成的損失。

　　據謝先生表示：茄冬樹被砍下來的用途是做成木屑（太空包），1噸運至埔里，含運費要2,200元，運費要600元，鏈鋸工1天要700元，還有怪手的工資未計，核算結果，1噸大概不到5、600元。以一棵直徑約90公分左右的茄冬來算，重量大概只有2噸左右，賣價只有1,000多塊，從經濟的角度，效益也是低得驚人。

這樣的森林場景，讓我聯想到台東布農族人阿力曼籌資搶救榕樹巨木群——鸞山森林博物館，極具文化傳承、教育與觀光價值。

攝影 @ 李根政

全民造林，毀了多少森林

　　林業單位的獎勵造林制度由來已久，但過去每公頃造林補助僅有 1,000、2,000 元，最多 5 萬元。但 1996 年開始的全民造林政策，每 1 公頃 20 年為期共撥給 53 萬元，就產生了極大的誘因（見表 3）。

　　2000 年 7、8 月間，農委會曾經進行「全民造林」執行成效查證，其中一位查證委員台灣大學農經系吳珮瑛教授，因為看不下去，在自由時報投書表示：「我們查證委員根本無從得知，在該計畫執行的前 3 個年度裡，列冊造

表 3：山坡地獎勵造林補貼金額的演變

時間	政策或辦法	每公頃補貼金額
1983 以前	私有林造林實施要點	1,000–1,400 元
1983	私有林造林獎勵實施細則	1,200 元
1983.9.11	台灣省私有林造林獎勵要點	1,500 元
1991.5.27	台灣省私有林造林獎勵要點（修正）	32,000 元 保安林營造 42,400 元
1995.1	台灣省獎勵私人造林要點	50,000 元
1996.10.1	全民造林運動綱領暨實施計畫	530,000 元

參考整理自：吳珮瑛，2004，《全民造林，全民找林》〈一位環境經濟學者的反思〉。

林撫育的 2 萬多公頃林地中，到底原本的使用狀況為何；也就是說，林務單位根本無法掌握在計畫執行後，究竟有多少林木是栽種於芒草空曠地、種植檳榔果樹地、或是取締濫墾而來的超限利用地，又有多少林木只不過是「以小樹換大樹」的林相變裝罷了。」之後，吳教授又出了《全民造林，全民找林》專書，驗證我們一直以來的質疑。（註11）

全民造林到底造成了多少森林損失？我們彙整各種數據做了推估：農委會自 1997–2001 年取締林地違規使用及山坡地超限利用之面積僅約 1,520 公頃，假設這些土地都完成造林，其比例僅是當時已完成 2 萬多公頃造林總面積之 5.6％（見 p.134 表 4），也就是絕大部分實施造林的土地上，極可能原本就有森林。

根據農委會林務局的官方資料，從 1997 年到 2004 年之間，全民造林運動共執行了 3 萬 8,899 公頃，台灣因此可能就損失了這麼多的森林，而這些森林，可能是原生

表 4：全民造林 1997–2001 年造林面積、取締林地違規使用及山坡地超限利用面積對照表

年度	造林面積（公頃）	取締林地違規使用及山坡地超限利用面積（公頃）
1997 年	5,046	491
1998 年	6,240	400（概數）
1999 年	7,003	481
2000 年	4,476	80
2001 年	4,360	68
總計	27,125 公頃	1,520 公頃

資料來源：農委會公告、農委會 90、91 年度預算書。

林、自然復育的次生林，或者前一次造林留下的人工林，**8 年的錯誤政策不僅重傷水土，更支出國庫超過 200 億元。**

「全民造林」政策的關鍵爭議在於，原本是為了增加森林面積來保護水土的政策，結果卻演變成政府在鼓勵人民砍大樹、種小樹。為什麼會有這麼嚴重的政策錯誤？我可以很肯定的說：根本原因在於林業單位延用了大伐木時代「經濟林」的作法，集結了產、官、學共生的體系，導致了方向的錯亂。

舉例來說，2002 年，農委會在全民造林編列了 18 億 1,190 萬元的預算。其中撥充造林基金辦理獎勵造林等相關工作經費 10 億；補助行政院退輔會、原住民委員會、台糖公司、台大與興大實驗林區管理處暨各縣市政府等單位，辦理造林、育苗宣導、取締及檢測等相關工作經費 7 億 7,620 萬；捐助七星環境綠化基金會 100 萬、中華林學

毀掉原生林，種上樹
高 1–1.5 公尺，樹徑
只有一根手指頭粗細
的外來樹種。圖為耳
莢相思樹。
攝影 @ 李根政

會 450 萬元、社團法人中華造林事業協會 2,190 萬元、中
華民國環境綠化協會 700 萬元、私立中國文化大學 130 萬
元，辦理育苗、綠化及宣導等相關工作 3,570 萬。

　　從這份補助清單可以看出：林務局、退輔會，以及學
術機構裡的森林系，都是過去大伐木時代的產物。他們過
去的專業就是「經濟營林」，但是大伐木時代結束了，當
國土保安、生態保育的潮流興起，這些機構沒有完成轉
型，調整業務內容，在造林生產部分只是跟著喊口號，換
個名目做同樣的事。這是近 30 年來台灣森林悲劇的源頭，

也是國家資源和人才龐大的虛耗浪費。

　　全民造林的錯誤顯而易見，但來自林務局的反省要等到 2017 年 9 月。在一場由地球公民基金會舉辦的「林業與森林保育論壇」上，林務局造林生產組李允中組長表示：獎勵造林辦法需要大幅度的翻修。全民造林當初設定的目標是國土保安兼顧林業生產，但卻用同一種方法，林務單位依現場執行的方便，設計制度，規定了造林方法和樹

溪谷兩旁的原生植被無論大小，全面砍除，我們測量的茄冬巨木，有許多直徑超過 130 公分。這一棵是小路溪上游未實施造林地，3 人才能合抱的茄冬樹。
攝影 @ 李根政

種，只有滿足政府的規定條件，才能領取獎勵金，結果反而不符國土保安。

20 幾年來執行期間，林農貪圖第 1 年的 12 萬獎勵金，砍大樹種小樹，撫育管理並不是很用心。結果是行政單位疲於奔命做檢測，花了大量行政成本，造林人也只是應付，存活率夠就好，育林成果不如預期，只是數量達標（註 12）。

錯誤的政策一回頭已是 20 年，1997 年種下的第一批即將屆滿 20 年。依照政府和林農的合約，如果位於林地上，林農經過申請可以伐木；如果是在農牧用地上，多數縣市完全不需申請就可以伐木。

將近 3 萬 9000 公頃、花費國庫 200 億的造林，該怎麼辦？

插曲：用樹根牢牢抓住台灣土地？

圖為檸檬桉。
攝影 @ 李怡賢

在執行全民造林政策的期間，2001 年發生了桃芝颱風風災，再度造成重大災情。民進黨剛取得政權，行政院長張俊雄加碼宣示要編定 48 億進行造林，號稱要「用樹根牢牢抓住台灣的土地」、「種樹救台灣」。方法是鼓勵人民 1 人捐 100 元種 1 棵樹來響應，但荒謬的是，桃芝颱風重創的是花蓮縣、南投縣，但 87.5％的樹卻是種在毫無災情的台中大肚山區。目前網站顯示，認養總株數達到 34 萬 5,918 棵，認養率達 87.5％，大肚山區就種了 30 萬棵樹（註 13），民進黨的這項種樹政策，幾乎達到了詐騙的程度。

調查過程，有賴楊國
禎副教授的植物生態
專業，才知道這樣的
造林政策下，我們損
失了什麼？
楊國禎副教授腳下是
砍伐後留下的樹頭。
攝影 @ 傅志男

　　2002 年 6 月 21 日，歷經民間 3 年的反全民造林運動，
行政院在林盛豐政務委員前往造林地現勘後，終於指示，
全民造林運動應回歸政策目標，研議落日條款。林務局為
此召開了「全民造林落日條款研議會議」會議，林農指出
伐木根本利不及費；全民造林 20 年 53 萬的造林補助根本
也不敷成本，而政府又不重視林農的生計……。

　　事實上，在大伐木時代結束後，如何處理林農的生計
是最核心的問題。如果，當初林務局和林學界能夠針對林
業經營對症下藥，認真思考在台灣的環境條件下如何發展
永續林業，不要將環境復育混為一談，用水土保持的理由
來做各種經濟造林，或許就不會埋下這些錯誤。

註 1：行政院祕書長函（葉國興）

發文字號：院臺農字第 0930008752 號　　發文日期：94年 7 月 30 日

院長聽取「全民造林運動實施計畫」簡報會議記錄

時間：93 年 7 月 15 日（四）上午 10 時整

院長提示：

一、為避免全民造林獎勵政策提供誘因，導致人民「砍大樹、種小樹」，宜回歸其自然演替，以天然更新方式復育山林資源，爰全民造林運動實施計畫之新植造林業務，自 94 年度起停辦，並妥為研擬相關配套措施；另請林委會從生態景觀及產業經濟觀點，積極推動平地景觀造林政策。

二、為落實國土保安，請林政務委員盛豐邀集經濟部、本院經建會、農委會、原民會等相關部會，成立跨部會之「七二水災災後重建小組」，就總體經濟、社會文化、生態保育及農民、原住民之補償機制等配套措施，研擬此次七二水災之重建政策，並一併提出新世紀山林政策。

主持人：游錫堃院長

出席者：行政院祕書長葉國興、政務委員林盛豐、經建會副主任張景森、農委會主委李金龍、原民會副主委浦忠成、高雄市教師會生態教育中心主任李根政、林務局長顏仁德、行政院第五組代組長傅安年

註 2：獎勵造林實施要點最重要的條文即第 7 條，造林獎勵金之發給方式為：前 6 年每公頃發給新植撫育費 25 萬元，即第 1 年新台幣 10 萬元，第 2 年至第 6 年，每年新台幣 3 萬元；第 7 年起至第 20 年止，每年每公頃發給造林管理費新台幣 2 萬元⋯⋯（總計 20 年之造林獎勵金為 53 萬元）。

註 3：聯合報，1996 年 8 月 24 日。

註 4：林務局規定在木材利用及景觀造林、一般林地及農牧用地的造林樹種如下，杉木、柳杉、紅檜、台灣肖楠、台灣杉、香杉、台灣櫸、烏心石、光蠟樹、樟樹、牛樟、相思樹類、桉樹類、楠木類、櫧櫟類、小葉南洋杉、肯氏南洋杉、茄苳、台灣赤楊、印度紫檀、印度黃

檀、木荷、大葉桃花心木、小葉桃花心木、欖仁、苦楝、福木、榕樹、杜英、黃連木、楓香、青楓、台灣紅榨槭、銀杏、鐵刀木、無患子、昆蘭樹、山櫻花、阿勃勒、肉桂類（包括山肉桂、土肉桂、肉桂、香桂、蘭嶼肉桂等五種）。

註 5：造林政策座談會，林業處的書面報告。2002 年 6 月 13 日。

註 6：屏東縣政府查復監察院履勘暨約詢重點報告，2002 年 8 月 9 日。

註 7：2002 年 10 月 3 日，自由時報 7 版。

註 8：李根政詢問有關屏東縣白賓山伐木再造林一案，農委會之回函說明，2003 年 1 月 9 日農林字第 0910172440 號。

註 9：農委會第 4303 號新聞稿，落實全民造林績效，農委會將建立機制。2003 年 12 月 23 日。

註 10：王義仲，2004。91 年度全民造林與平地造林成果分析與檢討。（農委會委託中國文化大學森林暨自然保育學系之研究計畫，計畫期程：2001 年 1 月 1 日至 2004 年 12 月 31 日）；王義仲、林靜宜，2002。近五年全民造林運動成果分析，行政院農業委員會。

註 11：吳珮瑛，2001.8.13，讓樹根真的抓住台灣的土地，自由時報 13 版。吳珮瑛，2004，《全民造林、全民找林》〈一位環境經濟學者的反思〉，新新台灣文化教育基金會。

註 12：2017 年 9 月 26 日，林業與森林保育論壇，地球公民基金會主辦。https://business.facebook.com/CitizenoftheEarth/videos/1501300773264497/

註 13：用樹根牢牢抓住台灣土地，一人一樹認養網站。http://lovetree.forest.gov.tw/gallery.asp

第四章
以減碳之名的森林破壞

　　2008 年國民黨勝選，馬英九總統在愛台 12 項建設將造林計畫加碼到「8 年內在平地造林 6 萬公頃，每公頃每年補助 12 萬元」，聲稱造林可以減碳，農委會接著在 2008 年 9 月 5 日推出「獎勵輔導造林辦法」，鼓勵山坡地和原住民保留地造林，每公頃 20 年補助 60 萬元，第 1 年造林面積 560 公頃。於是，打著種樹減碳的名義，造林政策又重新大規模推動。

　　當年，中鋼、中油等國營事業紛紛在全台覓地種樹，都聲稱可以抵減二氧化碳的排放，然而實際上減碳效果如何呢？

　　種樹減碳的效果取決於氣候、土壤、樹種、樹齡等等條件，難以用一個標準去衡量，依據經濟部能源局之計算方式，台灣的林相每年 1 公頃約可吸收 20.2 噸二氧化碳（註 1）。

　　若以此指標檢視國內大型工業，需要造多大面積的森林方能抵銷？要抵減台塑六輕排放的 6,755 萬噸二氧化碳所需的造林面積將高達 334 萬公頃，如加上正在當時環評審議中的台塑煉鋼廠須要的 74 萬公頃造林地，則超過一個

台灣島的面積（360萬公頃）；而位於高雄的中鋼公司，要抵減每年排放的 2,037 萬噸的二氧化碳則約需 100 萬公頃的土地，相當於高雄、屏東、台南、嘉義等四個縣面積的總合；同樣在在當時推動的國光石化則約需 35 萬公頃，相當於廠址所在地的雲林縣 3 倍的面積；台電大林廠則須約 88 萬公頃，比高雄、屏東、台南市的面積還要大（表 5）。

至於馬英九總統所提出的造林 6 萬公頃，能吸收的二氧化碳則每年僅為 120 萬噸，能抵減碳排放量不到台塑煉鋼廠的十分之一；中鋼公司聲稱廠區已設置 48 公頃綠帶，預計認養大度山 20 公頃造林地；中油所完成的 470 公頃綠化，持續種植 3 萬棵樹，相較於本身的巨量排放更是杯水車薪，似乎有「漂綠」之嫌。

相對於這些重工業所產生巨量之二氧化碳，試圖在台灣透過種樹造林減碳，是不可能達成的任務，模糊了真正

表5：台灣五項新的工業能源開發案，種樹減碳所須土地面積

	二氧化碳排放量（噸／年）	減碳造林所需面積（公頃）
（1）台塑六輕四期	67,557,259	3,344,419
（2）台塑煉鋼廠	14,900,000	737,624
（1）＋（2）	82,457,259	4,082,043
（3）中鋼	20,377,750	1,008,800
（4）國光石化	7,120,000	352,475
（5）台電大林廠	17,690,000	875,743
總和	127,645,009	6,319,061

資料來源：農委會公告、農委會 90、91 年度預算書。

的問題，根本的解決之道還是要調整產業結構，抑制高耗能、高污染產業的發展。

如果真的想要將森林保護與減碳議題扣合，不如儘速保護既有森林，在財源上協助復育山林；或者善盡國際責任，保護東南亞、亞馬遜的原始森林，全力防堵可怕的濫伐速度，但生產過程減少碳排放才是重點。

京都議定書：空白的土地造林才能減碳

更何況，即使要種樹減碳，也要遵循京都議定書的相關規範，尤其不能砍大樹種小樹。

根據「京都議定書」規範的「造林與再造林方法學」——「造林的土地，在造林活動前至少50年處於無林狀態」，如此才能符合國際認定的減碳標準。但是，台灣的山林顯少有50年處於無林狀態的土地；同時「獎勵輔導造林辦法」僅考慮造林存活率做為獎勵金給付的判斷標準，缺乏類似「造林與再造林方法學」的嚴謹計算與執行機制，例如，以航照圖或衛星照片證明，造林前該土地處於無林狀態（見 p.153 附錄 1）。

得知馬政府這項政策後，2009 年 1 月 9 日在田秋堇立法委員的安排下，我們與林務局顏仁德局長和造林生產組徐政競組長對話，會中林務局承諾邀集民間團體，共商訂定嚴謹的標準作業程序，防範先砍樹後種樹的離譜行徑。然而，事後經不斷追問之下才回應「獎勵輔導造林辦法」剛頒定執行，短期內不打算修正，並且把 2010 年的造林

開路、砍樹,把原生
地殼斗科樹木砍除
(花蓮,瑞穗林道,
2009)。

攝影 @ 李根政

面積加碼到 700 公頃。

　　當時,國民黨完全執政、國會也占絕對多數的情況
下,顏局長並沒有理會民間和立委的要求,以減碳為名的
造林政策還是依計畫推動。

　　為了監督這項政策,我們展開了在花蓮、苗栗的造林
地調查,揭露了這個政策大騙局。

花蓮瑞穗林道伐木造林

　　2009 年 7 月 1 日,我和楊俊朗研究員等一行人,開著
我那台紅色豐田老爺車從高雄出發,車行 300 公里,約 6、
7 個小時,中途還轉換成友人的吉普車。因為林道中斷,
只好直接穿越溪谷,才得以深入瑞穗林道勘查。結果發現
新型態的造林弊端,除了砍大樹種小苗之外,首度發現造
林地大量的使用除草劑。我第一次看到 6 支 3 公升這麼大

包裝的除草劑——世界春。

我們考察的結果是：瑞穗林道 7 公里至 8 公里處伐木後，新植楓香、陰香約 4 公頃，陰香為外來種，林務局在 921 地震後從中國引入苗木，混充台灣土肉桂於全台造林，由於適應力極佳，極可能嚴重危害本地生態。

林道 9.5 公里叉路左轉處，伐木後新造林約 2 公頃，植栽為櫸木、山櫻花、無患子、椆榆等。10 公里附近一株細刺栲胸周 7 公尺，樹冠 10 公尺 X 10 公尺，附生植物有台灣石尾、水龍骨科、書帶蕨、青棉花、台灣厚距花，樹冠下以除草劑除草並新植櫸木 38 棵，在大樹下種植櫸木，遠超過正常的密度 2–3 倍，有應付灌水之嫌，而且大樹下樹苗也不易存活。

10 公里之後，原有數公頃以殼斗科樹木為主的原生林，樹種計有細刺栲、短尾葉石櫟、長葉木橿子、台東石櫟等，被砍伐的樹頭直徑約 15–25 公分之間（整株砍除或三幹留一幹，五幹留一幹），伐木後，噴世界春殺草劑，後種植楓香、無患子小苗，根據殘留樹頭判斷，疏伐時間不超過 1 個月。在原本潮溼的地區種上適合乾旱區的楓香和無患子，更戳破了林務局所謂「適地適種」的造林口號。

根據林務局的資料顯示，花蓮瑞穗林道造林地的面積高達 134.15 公頃。

2009 年 10 月 1 日，我們召開了記者會的隔天，聯合報與中央社等媒體相繼報導，但是林務局無視現場勘查的鐵證，一口否認假造林真伐木的事實。為了撼動不動如山

滿山遍野噴灑殺草劑省得除草，這種殺草劑叫「世界春」，噴灑後大地是一片死寂！

攝影 @ 李根政

上、下：伐木之後，種植上無患子小苗，無患子雖然是台灣原生植物，但卻不是這裡會自然生長的物種，有違「適地適種」的原則（楊俊朗所撫摸的小樹）。

上、下攝影 @ 李根政

的林務局，10 月 13 日，我們拜會了監察院黃煌雄委員要求調查造林是否符合國土保安與減碳目標。令人欣慰的是，監察院接受了這項陳情案，同時，我們要求立法院設法刪除林務局的造林預算，希望可以終止這個錯誤政策。

但是，改變一項已經上路的政策並非易事，我們的策略是蒐集更多的案例。

苗栗山林的呼喚

2009 年 11 月，我們前往苗栗縣造橋、通霄等造林地勘查，楊俊朗研究員事前比對地籍圖鎖定了幾處造林地，道路雖然曲折不好找，但還是到達了。在距離國道 3 號不遠處的造橋鄉豐湖村、通霄鎮福龍里、通霄鎮圳頭等地區，為執行造林而大肆伐木情形與花蓮瑞穗林道如出一轍，造林現場慘不忍睹、草木一片死寂。

通霄鎮福龍里北勢窩段，地主為「ＯＯ祭祀公業」，面積約 7.5 公頃的土地，屬國土保安區中的農牧用地，山體呈現一個ㄇ字形，坡度約在 20–40 度不等，原本是一片相思樹林，2008 年伐木後形成草生地，部分為小花蔓澤蘭覆蓋。伐木後地主向縣府林務科申請獎勵造林，林務科現勘後認定此造林前地況為「草生地，部分桂竹及小花蔓澤蘭」，於是核准其造林，提供的苗木是茄冬及櫸木，業主為了怕雜草叢生影響苗木生長，把殘存樹頭弄死（現場有些焚燒樹頭痕跡），甚至雇工噴灑殺草劑「巴拉刈」。附近的居民告訴我們，這片造林地噴灑除草劑前後達 2 個月。

此舉其實非常費工、花錢，顯見業者非常努力的想要照顧好苗木。

　　經過這一番努力，廣大的林地上絕大部分是裸露地、焦黑的枯草，還有局部的崩塌，現場可說是慘不忍睹。相較之下，陵線西側未實施伐木、造林的地區，相思樹高約10公尺密布成林，對比非常強烈。

　　此外，我們也勘查了造橋鄉豐湖村，一處約2公頃的土地，伐木後新植柏、茄苳等小苗面積；在通霄鎮圳頭，伐木之後，新植的樹種是茄苳、相思樹，但是在現場，一眼望去都是自然下種的相思樹苗。

　　苗栗的山區，幾乎隨處可見新鮮的伐木區和伐木後形

被保留下來的殼斗科大樹。
攝影 @ 李根政

右圖：被砍除的主要是原生的殼斗科樹木。
攝影 @ 李根政

成的草生地。2009 年 5 月，我們邀請植物生態學者楊國禎副教授前往苗栗通宵、苑裡、銅鑼、泰安一帶勘查，車行約 200 公里，勘查了數個伐木造林跡地。楊教授有一個概要的觀察：「沿途沒有一片超過 30 年的森林。」除了農耕地外，絕大部分地區的植被是相思林、造林地、桂竹林與伐木後形成的芒草地，還有極少數的其他雜生次生林等，這是個頻繁翻土、擾動的不安土地。

不過，偶爾可以看到美麗的天然林，在 130 號線道大湖、三義鄉鎮界限往西約 1 公里處，線道兩側次生林（估計自然復育 15 年）林相完整優美。楊國禎副教授說明，由於瓦斯取代薪柴，讓這裡得以自然演替為次生林，這片森林裡主要的植物是山黃麻、白袍子、江某、香楠、台灣山桂花、九節木、月桃、金狗毛蕨等，還可以聽到竹雞、小彎嘴畫眉、五色鳥、樹鵲的叫聲。這片次生林維持了生物多樣性，多層次的植被也保護了水土。但是，許多林業人員從木材利用的角度來看，聲稱：這樣的森林一點價值也沒有。

台灣整個西部的開發已達嚴重的超限，多山的苗栗仍是低海拔生物的最後庇護所，例如瀕臨滅絕的石虎。我們是否應該思考保留更多的天然林，即使要造林也應該有嚴謹的規範，不要再用糟蹋土地的方式發展淺山地區的林業。

超過 200 億元的獎勵造林，留下的是什麼

鬆散、荒謬的「獎勵輔導造林辦法」，既難以避免重蹈

2009 年 10 月 1 日，地球公民協會在立法院召開了記者會，在莫拉克重創台灣之後。（田秋堇立法委員、蠻野心足生態協會、主婦聯盟環境保護基金會、荒野保護協會、綠黨、中華民國野鳥學會等團體）
攝影 @ 王敏玲

通霄鎮福龍里的造林
地，右邊是未被伐木
的相思林，左邊造林
地區砍大樹、噴殺草
劑，重新種上茄冬樹
（2009.11.25）。

攝影 @ 何俊彥

全民造林覆轍，導致政府花大錢，鼓勵林農砍伐原有林木改種小樹苗，又與國際規範嚴重背離，可以說是全盤皆輸！

　　經過連續 2 次召開記者會揭露造林真相，地球公民與田秋堇立法委員合作凍結部分造林預算（註 2）、向監察院陳情並由監察院公告糾正行政院農委會與苗栗縣政府、向地檢署檢舉，與林務局對話等行動，終於促成農委員會修訂「許可獎勵造林審查要點」，取得 4 點重大突破，2010 年 7 月 15 日制定的要點明訂：實施造林土地有天然次生林應予以保留，違反者不予審核（獎勵造林）；造林期間不得使用除草劑或其他有害環境之藥物；實施造林之土地面積在 5 公頃以上者，主管機關應成立諮詢小組，辦理現勘，……諮詢小組由專家學者 2 至 3 人、具公信力之環保團體代表 2 至 3 人及主管機關代表 1 至 3 人共同組成；造林前「衛星影像或航空照片」列入審核的必要條件，防堵地主先砍樹再申請造林。

　　雖然「許可獎勵造林審查要點」已有好的修正方向，但是否能夠落實執行，確保地主不是先砍樹再申請造林，保護既有天然次生林，仍然需要後續的監督。

　　回顧從為了減緩土石流而推動的「全民造林」，到以減碳為名的造林，都是掛羊頭賣狗肉。在毀壞低海拔森林之後，即使從經濟林的角度檢視，也是全盤皆輸。

　　大多數林地只管存活率，造林木大都不成材，經濟價值相當低，大部分只能送到碎木工廠攪成木屑，作為太空包原料。根據我們的調查，過去許多的樹木砍伐後，是每

苗栗 130 號線道大
湖、三義鄉鎮界限往
西約 1 公里處，線
道兩側次生林（估計
自然復育 15 年）
林相完整優美
（2009.5.18）。
攝影 @ 李根政

公頃僅賣出 5,000 元至 2 萬元不等，但造林獎勵，國家的補
助是 53–60 萬元。簡直就是拿人民血汗錢當冤大頭的投資。

整個營林（伐木收穫、再造林）期間，沒有環境、社
會、經濟層面等永續營林的檢核標準，沒有林業專業的導
入、經濟效益的評估與規劃、產業配套。

更麻煩的是，獎勵 20 年期滿之後，近 4 萬公頃的造
林該怎麼辦？

從 1997–2004 年推動的「全民造林」花了國庫超過
200 億元，從 2017 年以後，獎勵期限將陸續屆滿，當年造
林的區域，按現行法規，地主可以申請砍除後再造林，如
果是農牧用地上，也可以將森林砍伐後進行農耕和畜牧，

這樣一來，國家辛苦投資的造林竟無法阻止林主砍伐變賣；二方面，如果沒有建立一套作業規範，將會爆發新一波水土流失。

如果把造林獎勵金當成是一種農業補貼，20 年期滿之後，是否要繼續？如果林主砍伐之後，國家還不要花錢鼓勵造林？如果這些木材有市場價值，還要繼續用補貼的方式鼓勵造林嗎？這些都是邁向新林業要面對的課題。

山坡地保育區的農牧用地，是否可以允許全面皆伐森林、整地、開路、造林？以 10 至 20 年為週期，頻繁的伐木、整地、造林，珍貴的表土流失非常驚人，長期下來必然導致土壤益加貧瘠，有些地方則避免不了較大的崩塌，如果加上極端氣候、暴雨等因素，將來難免會產災難。

在農牧用地上的伐木造林活動必然涉及「修築農路」或「整坡作業」，農委會水土保持局和地方政府依水土保持法實屬責無旁貸。然而，長期以來，水土保持局忙著自己做工程，根本不管制山坡地的伐木造林活動，許多地方政府也長期怠忽職守，或迫於民眾、民代壓力，執法寬鬆。而林務局則聲稱，農牧用地的伐木行為，他們管不著。

根據我們的訪查：苗栗地區 1 公頃的森林賣給伐木業者，價值只有 3 萬元左右，相當於上班族 1 個月的薪水，而這 1 公頃的森林，大約有數百至上千棵的樹木，需十至數十年方能長成，農林產品與工商所得的巨大落差，益加突顯了農林從事者的經濟弱勢，如果國家真的重視山林保育，應該想想辦法。

淺山地區的私有林、荒廢成林的農牧用地，仍有相當的生物多樣性值得保護，苗栗的石虎就是一大指標。這些地區如何結合里山倡議，發展出一套友善的林業和農業生產模式？讓土地和資源可以永續性利用，正是台灣大課題。

附錄1：「京都議定書」制定的「清潔發展機制」規範的「造林與再造林方法學」
參加造林與再造林的專案必須符合底下三項條件：

一、明確證明該土地在造林與再造林活動前不得是森林，判斷條件有四項：
1. 土地上現有木質植被高度低於森林樹冠層。
2. 土地上不被有機會自然演替為森林的新生植栽所覆蓋。
3. 土地不是被暫時釋出，釋出時間長度必須與當地政府一般林業操作實務一致。例如：直接人為介入的輪伐期或者間接天然因素，火災、蟲害等。
4 因為環境因素、人為壓力或缺乏種子來源，阻礙大規模植物入侵或自然林新生。

二、判斷該活動是造林或再造林的條件
1. 再造林的土地，是指在 1989 年 12 月 31 日之後該土地符合上述四個條件。
2. 造林的土地，在造林活動前至少 50 年處於無林狀態，而且必須舉證最少四次，該土地造林活動開始前 50 年期間植被情況，例如，造林活動開始前的第 10 年、第20 年、第 40 年、第 50 年植被情況。

二、為證明符合前兩項條件，必須提供最少下列一種可供清楚驗證的資料
1. 有地面參考點的航照圖或衛星照片。
2. 有土地使用或土地覆蓋資料的地圖或數位空間資料。

3. 土地地籍資料調查表。

資料來源：「京都議定書」制定的「清潔發展機制」所規範的「造林與再造林方法學」（PROCEDURES TO DEMONSTRATE THE ELIGIBILITY OF LANDS FORAFFORESTATION AND REFORESTATION PROJECT ACTIVITIES (VERSION 02)）；請見聯合國氣候變化綱要公約網站：http://cdm.unfccc.int/EB/026/eb26_repan18.pdf。

註 1：經濟部能源局依照 IPCC 標準換算的資料，熱帶林二氧化碳的吸收量每年約 12-30 公噸／公頃，以台灣林相變化為基準計算，約 20.2 噸／年。（台塑一貫化作業煉鋼廠環境影響說明書，頁 8-9）；劉秀卿（2003）計算本土海岸樹種「水黃皮」每年可吸存 17.96 公斤的碳，如依林務局 1 公頃種植 2,000 棵樹計算，每年 1 公頃水黃皮純林共可吸存 35.9 噸碳量；另依中油網站之資訊指出，每公頃森林可吸收 37 噸二氧化碳量。

註 2：經田秋董委員等人極力推動，促成二項主決議。一為 99 年度新植造林 700 公頃獎補助費 117,000 元凍結四分之一，並請林務局邀集民間環保團體共商修改、增訂「獎勵輔導造林辦法」後，再於解凍。二為：水土保持局應於 100 年度之治山防災工程預算中，應有 20% 用做「保護現有森林不被砍伐」，詳細施行辦法建請水土保持局與林務局共同擬定，並送本院經濟委員會審查。

第五章
伐木養菇
——我們吃掉多少森林

　　2007 年 11 月 8 日，我和同事偕同公視「我們的島」柯金源導演、林燕如記者，勘查屏東縣獅子鄉的伐木林地。其中一片被皆伐的林地，是已復育 26 年的次生林，地主表示該林地約在 1981 年左右砍伐過一次，之後就放任自然演替。我們到了現場，木材商已將整片山頭的森林全面砍伐，僅留下樹頭和光禿禿的山野。而荒謬的是：1 公頃的森林賣價只值 2 萬元，木材拿去種香菇、杏鮑菇……。

　　放眼週邊未砍伐前蓊鬱森林是如此美好，我認得出的九芎、大葉楠、山枇杷……。我心裡想，這樣的森林怎會只值 2 萬元？更加矛盾的是，業者一面在陡峭崎嶇的山坡地上開腸破肚地開闢伐木道路，但位於這片坡地下游——草埔的達仁溪河段，政府正用納稅人的錢在進行河川整治工程。

　　這場勘查讓我們決定要啟動一個調查計畫，2008 年 8 月至 2009 年 2 月共 6 個月的時間，調查伐木、碎木到養菇的產業鏈，訪問中央及地方主管森林伐採之政府官員，出具公文取得政府資訊，蒐集與整理相關文獻，在 2009 年植

這樣的森林，1 公頃
只值 2 萬元？
攝影 @ 李根政

樹節前夕公布了〈我們吃掉多少森林？台灣伐木養菇調查
報告〉一文。

　　這篇文章是摘要改寫的版本，並在最後的分析中，運
用了最新的山坡地統計資料。10 年前的這份報告，或許在
養菇產業動態上有所差異，但伐木養菇的結構問題仍值得
參考和討論。

台灣養菇產業鏈

台灣栽培的食用菇蕈類，生長所需的溫度和栽培基質各有不同，其中香菇、金針菇、杏鮑菇、秀珍菇、木耳、蠔菇等需以木材當做主要營養來源；而洋菇與草菇是使用稻草做為栽培基質，不在本報告調查範疇。

早期的養菇是段木法，把原木截成一段段約 100 公分，在上面打孔或鑽洞，接入菌種。經過一段時間，子實体從段木接種孔周圍長出來，這種現象稱為出菇。然而，近年來，已大部分改為太空包或瓶裝栽培，做法是將木屑、米糠和碳酸鈣混合均勻，裝入 PP 塑膠袋或塑膠瓶中做為培養基。

太空包內的木屑來自台灣低海拔的闊葉樹，香菇太空包主要原料是相思樹木屑；杏鮑菇、金針菇等其他菇類太空包的主要原料是油桐、山麻黃等闊葉樹，業界通稱為雜木。

養菇產業鏈概分為：伐木、碎木、太空包製造、太空包栽培管理等。根據農委會農業試驗所菇類研究室與台灣菇類發展協會的估計，全台太空包使用量約 4 億 7,300 萬包（表 6）。依業者之經驗，菇蕈類生物效率（生物效率＝採收菇體之鮮重 ÷ 太空包培養基重量）約 3 成，以 4 億 7,300 萬包太空包、每包培養基 1 公斤進行換算，全台鮮菇產量約是 14 萬 1,900 公噸（不含使用稻草培育的洋菇和草菇）；但農糧署的統計，2007 年鮮菇產量只有約 7 萬

杏鮑菇、金針菇等其
他菇類太空包的主要
原料是油桐、山麻黃
等闊葉樹，業界通稱
為雜木。
圖為油桐花。
攝影 @ 李根政

表 6：菇蕈類栽培溫度、基質表

	太空包使用量 （萬包）	主要栽培基質	生長溫度 （表註）
香菇 - 太空包	15,000	相思樹	高溫
香菇 - 段木	N/A	相思樹	高溫
金針菇	17,000（萬瓶）	雜木	低溫
杏鮑菇	5,000	雜木	中溫
秀珍菇	3,000	雜木	中溫
木耳	3,000	雜木	中溫
其他	4,300	雜木	N/A
蠔菇	N/A	雜木	中溫
洋菇	N/A	稻草	中溫
草菇	N/A	稻草	中溫
總計	47,300 萬包		

表註：低溫菇生長溫度低於攝氏 20 度；中溫菇介於攝氏 20 度到 28 度、高溫菇高於攝氏
28 度。
資料來源：農委會農業試驗所菇類研究室與台灣菇類發展協會

870 公噸(註 1)，含洋菇和草菇，但不含杏鮑菇與秀珍菇。

兩者相較，農糧署的統計資料可能只有實際產量的一半，準確度不高。經與農糧署承辦人員討論，發現農糧署的統計方式是由各鄉鎮公所蒐集資料，再由農糧署匯整；再者，承辦人員並沒有菇蕈業背景，對新品種的掌握不如農業試驗所菇類研究室詳細。而在產值及從業人口方面，菇類發展協會宣稱台灣的養菇產業之從業人口達 2 萬人，產值達 70 億，但截至調查為止政府並無統計資料。

伐木──取得養菇材料

台灣的太空包製造業集中在中部地區，而木屑來源則擴及到其他地區。台中市新社區太空包製造業者的木屑，主要是從新竹、苗栗地區伐木供應；南投縣埔里鄉、魚池鄉太空包製造業者的木屑來源，則主要為屏東、台東地區（見圖 7）。

根據我們的調查推測，木材之取得主要有 4 種途徑。

1. 經合法申請的「林地」採伐

根據林務局所公佈 2007 年砍伐的「林地」面積，共 325.57 公頃，材積總計 6 萬 7,218.93 立方公尺，其中林務局管轄的新竹林區管理處、屏東林區管理處、南投林區管理處大部分採伐樹種為針葉樹，研判成為養菇木屑的成分不大。除此之外，砍伐面積最大的是苗栗縣和台東縣（見 p.160 表 7），這與養菇業者描述木屑來源一致，我們到現

圖7：伐木養菇產業分布圖

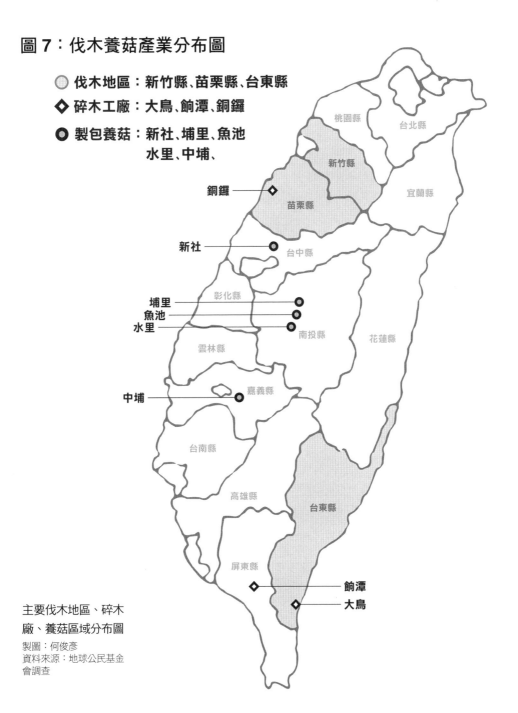

◎ 伐木地區：新竹縣、苗栗縣、台東縣
◇ 碎木工廠：大鳥、餉潭、銅鑼
● 製包養菇：新社、埔里、魚池
　　　　　　 水里、中埔、

銅鑼
新社
埔里
魚池
水里
中埔
餉潭
大鳥

桃園縣
台北縣
新竹縣
宜蘭縣
苗栗縣
台中縣
彰化縣
南投縣
花蓮縣
雲林縣
嘉義縣
台南縣
高雄縣
台東縣
屏東縣

主要伐木地區、碎木
廠、養菇區域分布圖
製圖：何俊彥
資料來源：地球公民基金
會調查

場查訪也確認了這項訊息。

2. 農牧用地上的森林

　　全台原住民保留地的農牧用地面積將近 7 萬 2,000 公頃，許多並沒有做農牧用途，在放任植被自然演替下，形成極佳之森林覆被，提供伐木的另一種來源。

　　由於農牧用地的伐木不受森林法管制，因此林務局並無統計農牧用地伐木面積，必須由地方政府進行了解，但全台僅屏東縣政府有進行管制，並有統計資料。過去 5 年，屏東在原住民保留地農牧地的伐木面積每年約 40 公頃，2007 年屏東縣核准伐木面積 55.27 公頃，其中林地 17.62 公頃，農牧用地則達 37.65 公頃，以這個數字推估，農牧用地極有可能是養菇業木屑之最大來源。

　　但這些地主每公頃只能從伐木商拿取 2–4 萬元，而其林木之輪伐期至少在 10 年以上，有些達 20–30 年，這樣的所得極其微薄。

表 7：2007 年林務局統計台灣林地伐木面積與材積統計表

單位	苗栗縣	新竹縣	台東縣	新竹林管理處	屏東林區管理處	南投林區管理處	其他	合計
面積 (公頃)	73.2 (22%)	26.9 (8%)	48.1 (15%)	40.3 (12%)	34.0 (10%)	30.8 (9%)	72.1 (22%)	325.6 (100%)
材積 (立方公尺)	8,000 (12%)	11,053 (16%)	3,687 (5%)	24,678 (37%)	4,844 (7%)	7,418 (11%)	7,541 (11%)	67,219 (100%)

資料來源：林務局

3. 開發案的伐木

伴隨台灣經濟發展的腳步，土地大量被轉移利用，例如：農地變成科學園區；山丘變成高爾夫球場；次生林轉變成高鐵鐵軌等。重大開發案的相關環境審核依據是「環境影響評估法」，待開發案通過審核後，開發土地上的樹木在整地的過程就可以由伐木業者標購取得。例如：2007年雲林縣因為湖山水庫工程施工，次生林採伐面積 102.5 公頃，材積 675 立方公尺；銅鑼鄉的碎木業者吳老闆 2008 年標到銅鑼科學園區其中 48 公頃的相思樹。

4. 盜伐

盜伐可以概分為幾種類型，第一種是「游擊式盜伐」，山老鼠選擇交通尚屬便利的地點，少數量短時間盜伐，調查團隊筆者在苗栗縣泰安鄉苗 61 縣道廢棄路段，見證一顆直徑約 120 公分的新鮮樹頭殘留在縣道旁，縣道上還有木屑散布，研判是山老鼠在現場將大樹支解，再分批載運下山販賣。

第二種是「合法掩飾分法式盜伐」，山老鼠依法申請伐木，但是卻刻意盜伐申請範圍之外的樹木。第三種是「計畫式盜伐」，山老鼠物色高單價的老樹，例如：七里香、玉山圓柏、扁柏、牛樟等，有規畫地探勘、違法開路、違法砍樹、違法運輸下山、違法販賣。此種盜伐除了牛樟用來培養牛樟菇外，其他數種大多做為園藝植栽，並不會淪落到碎木工廠。

伐木工人以電鋸將伐倒之相思樹鋸成小段。
此外，伐木工人也面臨低薪和職安的問題。
攝影 @ 何俊彥

上、下：一片森林砍
倒後，留下這樣的地
表。

上、下攝影 @ 李根政

依上述 4 種木材取得途徑，僅有林地伐木之面積較為確定，其他則無官方數據，因此，查證非常困難。

伐木過程與伐木跡地

經屏東縣政府的同意及協助下，我們考察了伐木作業現場，勘查了數個伐木後的跡地。

一個合法申請的伐木案，在得到伐木許可後，首先要處理的是交通問題，通常得從既有林道或農路開新路或整理被蔓草淹沒的舊路，才能到達伐木地點。如果伐木地區陡峭，怪手就會開出「之」字型的運輸道路，進入伐木階段。

我們觀察 1 棵約 30 年的相思樹的砍伐過程，樹頭胸圍 140 公分，直徑 40 公分，樹高約 17 公尺，伐木工人以電鋸約 1 分鐘就可以伐倒。大樹倒下後，再以電鋸鋸成約 150 公分的小段木，小段木先就近堆積，前後約 5 分鐘就處理完。砍下來的木材，堆積到適當數量，再由小怪手搬上貨車，送到碎木工廠。

據我們勘查數個伐木作業後的跡地，除了砍伐後遺留的相思樹頭外，地表上通常會殘存一些非目標物種的小樹，例如野桐、油桐、山黃麻、羅氏鹽膚木、土樟、內冬子、小梗木薑子、九芎、山漆、朴樹、山柚、青剛櫟、山枇杷、七里香等。然而，每個伐木跡地的狀況不盡相同，有些砍伐較為徹底，幾乎看不到殘存植物，與伐木前鬱鬱蔥蔥的多層次森林形成強烈的對比。

從山上砍下來的木材，運到碎木工廠堆置。

攝影 @ 李根政

　　伐木跡地雖是位於低海拔山區，然而我們勘查的坡度卻從 10–70 度不等，有些是極為陡峭，地質又屬破碎之岩層，無論是開路或伐木過程，都造成嚴重的地表裸露，砍伐後的森林，又得花上 10 年以上才得以恢復部分的生態。

　　除了環境問題，因為經濟不景氣，伐木工人的日薪已經從 2,000 元降到 1,000 元。另外，伐木過程得忍受電鋸產生之巨大噪音，且沒有任何保護裝置。屏東縣春日鄉曾經有一位伐木工人額頭被電鋸割傷，因而縫了 40 幾針，工安問題值得有關單位重視。

　　至於伐木業所得，目前尚無直接數據。如依碎木業者的經驗，砍伐 1 公頃的森林所得木材平均約在 100–200 公噸左右，平均約 150 公噸左右。而碎木工廠的原料收購價 1 公噸約 1,800 元，推估每公頃可賣得 18–36 萬之間，不

過實際獲利尚須扣除怪手開路、雇工伐木、搬運車運送到碎木工廠的成本。

碎木工廠

全台灣碎木業者可能有 20 家左右，以一家從業人員 5 人計，總從業人員大約 100 人。碎木工廠設立地點必須接近樹木來源，根據本次調查：台東縣大鳥有 1 家，屏東縣共有 3 家，有 2 家位於餉潭，1 家在九如；苗栗縣的碎木工廠可能超過 10 家，銅鑼地區 5 家，銅鑼鄉台 13 省道竹森橋附近有 2 家、銅鑼工業區附近有 2 家。碎木工廠通常設立於伐木地區，如果該區伐木量減少，碎木工廠就得外移。例如，銅鑼鄉戴家經營碎木業約 20 年，早期在南投地區，後因木材取得不易，10 年前搬到銅鑼現址。

每家碎木工廠工作人員約 5 人。一位負責貨車地磅秤重及收納作帳、一位操作怪手將原木從儲存區搬到輸送帶、兩位將原木扒入輸送帶、一位將卡住的原木推入碎木機。這些作業流程相當簡單，但是噪音與粉塵污染相當嚴重，對從業人員身體健康可能有一定程度的負面影響。

雖然 1 至 6 月是碎木業者的小月，但是為了滿足旺季需求，也反應雨季伐木業者休息的限制，碎木業者儲存原料的情形相當普遍，時常可以在碎木工廠看見堆積十幾公尺高的樹木。

一家碎木工廠的日產能約 100 公噸，但是每年 1 至 6 月因氣候的關係不適合栽培香菇，木屑需求減少，碎木業

攪為一堆堆木屑。
攝影 @ 李根政

者以剖大木頭成小木頭度小月，準備 7 月起開始用小木頭打木屑。因此換算一家碎木工廠年產能約 2 萬公噸，依總使用木屑量 35 萬 4,740 公噸推估，台灣地區最少有 18 家碎木工廠，與我們訪談所得資訊相當接近。

　　碎木工廠的原料收購價 1 公噸約 1,800 元，而木屑的售價 1 公噸約在 2,600–2,800 元之間，所以每公噸的毛利約在 1,000 元左右，但是必需扣除投資怪手 3 輛，堆土機 2 輛，碎木機器 1 組，人事費、1 公頃以上土地面積，還有將木屑運送到太空包製造廠之運輸成本。

太空包製造

　　太空包主料是木屑，約占太空包總重量的 75%，輔料有米糠、麥麩、粉頭、黃豆粉、玉米粉、碳酸鈣等，輔料約占太空包總重量的 25%，其中除了碳酸鈣用以調整酸鹼值外，其餘皆是營養來源。因此，每包 1 公斤重的太空包，木屑約有 0.75 公斤。

　　太空包製造流程通常是，木屑和輔料攪拌、填充裝包封口，進入蒸氣室殺菌，冷卻後再植入特定的菇類菌絲。

　　根據農業試驗所菇類研究室的估計，全台太空包使用量約：香菇 15,000 萬包、金針菇 17,000 萬包、杏鮑菇 5,000 萬包、秀珍菇 3,000 萬包、木耳 3,000 萬包、其他菇類 4,300 萬包，全台太空包使用量合計約 47,300 萬包（請見 p.139 表 1）。每包成品售價約在 10–15 元之間。以每包木屑約 0.75 公斤計算，總使用木屑量將達 35 萬 4,740 公噸。

製造太空包的現場。
攝影 @ 李根政

太空包栽培管理的溫
控廠房。

攝影 @ 李根政

栽培與管理

　　太空包栽培過程可以概分為 2 個階段，走菌與長菇。栽培初期，之前植入的菇類菌絲會先在太空包內部衍生菌絲，這個現象簡稱為走菌。待太空包走菌完成後，太空包封口處會慢慢長出菇類，這個現象簡稱為長菇。長菇達一定的大小，便可以分批收穫，再分級包裝出貨。通常太空包的栽培過程需時約 3 個月。太空包栽培業者集中在新社區、埔里鄉、魚池鄉、水里鄉、中埔鄉等地區。

　　太空包栽培管理主要因素有溫度、濕度、通風與光照，通常依其生長溫度可以概分為低溫菇（低於攝氏 20 度）、中溫菇（介於攝氏 20 度到 28 度）、高溫菇（高於攝氏 28 度）。

太空包栽培管理的溫控廠房。
攝影 @ 李根政

其中香菇屬於高溫菇，所以菇寮型態為傳統菇寮，不需要溫控廠房，主要產地在新社、埔里、魚池、水里等地，冬季生長較慢，產量也較少。杏鮑菇走菌適合溫度約攝氏23度，金針菇屬低溫菇，適合生長溫度攝氏4–12度，所以在台灣必須仰賴溫控設備控制，也因此一年四季皆可生產供貨。但由於中、低溫菇必須投資溫控設備，金額常達數千萬，不是一般小農能力所及，所以「農企業」正逐漸取代小農。

菇蕈類收成後，太空包通常由專門業者蒐集再利用做成有機肥。

1 年 2300 公頃森林消失的代價

根據農業試驗所菇類研究室的估計，台灣 1 年菇類太

製造太空包的現場。
攝影 @ 李根政

伐木後暫時堆置。
攝影 @ 何俊彥

空包使用量約 **4 億 7,300 萬**包，以每包木屑約 **0.75 公斤**計算，總使用木屑量為 **35 萬 4,740 公噸**。

再者，根據碎木業者的經驗，**1 公頃**土地可產出約 **100 至 200 公噸**之木屑，平均約 **150 公噸**木屑，估算 **1 年**養菇所需砍伐的森林面積約 **2,367 公頃**，相當於 **2 個高雄柴山**，或 **88 個大安森林公園**。

消失的森林大都是低海拔的次生林，碎木業者坦承有少部分為原始林。

伐木養菇造成的森林破壞，到底造成多少棲地和生物多樣性的損失難以估計。但依照林務局的資料：每 1 萬公頃森林，每年可吸收 37 萬公噸的二氧化碳，釋出 28 萬公噸的氧氣，增加水資源涵養 2,000 萬立方公尺，換算總體經濟效益是 37 億元。若以養菇 1 年所砍伐林木面積 2,367

台灣山林百年紀

伐木一定得開闢或維護運材道路，如果沒有良好的管理，就會造成水土流失。

攝影 @ 何俊彥

公頃換算，每年減少吸收 8.8 萬公噸的二氧化碳，減少釋出 6.6 萬公噸的氧氣，減少水資源涵養 473.4 萬立方公尺，換算總體經濟損失是 8.8 億元；換言之，70 億的菇類產業，衍生 8.8 億的外部成本。

由於台灣的山地陡峭，伐木必伴隨著開路，導致水土流失，總體的損失有賴進一步的研究估算。

伐木的管理哪裡出了問題

「林地」適用的中央法規是「森林法」。依據「森林法」第 45 條之規定（註 3），林地伐木之前林農必須向鄉鎮公所申請，鄉鎮公所匯整後提報縣市政府，縣市政府再向林務局提報。林務局審核全台灣各縣市政府與各林區管理處申請伐木材積有總量的限制，依法是每年不得超過 20 萬立方公尺（註 4）。由於最近 10 年伐木材積每年約 6.5 萬立方公尺，所以大部分的伐木案件都會通過。

林務局會送給縣市和鄉鎮公所，辦理文件審查、實地勘查、地界標示等工作，待核准公文通過，林農就可以在許可時段內實施伐木作業，基於安全風險考量，伐木季節大部份落在 10 月到隔年 3 月，以避開雨季防止土石滑落。伐木作業完成後，鄉鎮公所必須進行跡地檢查，確認伐木作業是否超出核准範圍（註 5）。

如果伐木的地點是山坡地，依據「水土保持法」第 12 條的規定，要提水土保持計畫，送請主管機關核定（註 6），屏東縣政府的組織架構下，水土保持的相關業務負責

台灣山林百年紀

單位為水利處。另外，台灣森林經營管理方案也規定了每一伐區皆伐面積不得超過 5 公頃，環保署則規範林地皆伐面積 4 公頃以上者，需實施環境影響評估（註7）。

儘管皆伐面積有明文規定限制，但是部分地方政府卻做寬鬆的解釋，形成管理皆伐面積的漏洞。例如：苗栗縣政府就曾經一次核准泰安鄉 2 筆林地採伐面積大約 85 公頃，以分期及漸進式採伐，護航業者鑽法律漏洞（註8）。

由上述事例可看出，伐木的管理從即中央到地方都有責任。

「農牧用地」是伐木管理的大漏洞

木屑的主要來源是砍伐農牧用地上之森林，依據「非都市土地使用管制規則」第 3 條之規定，農牧用地、林地在法律上是兩種不同的地目（註9），所適用的法源也不同。根據林務局的解釋，農牧用地上的森林不受森林法管轄，也就不是他們的權責範圍（註10），根據了解，各縣市政府也就不會去統計農牧用地的伐木資料，當然也沒有管理，截到調查結束為止，僅屏東縣政府較為積極管制農牧用地之伐木行為。

然而，政府一直把「原住民保留地的農牧用地」納入「獎勵輔導造林辦法」的補助對象（註11），而該辦法的法源是「森林法」。但是，又說農牧用地並非林地，所以不受「森林法」中與國土保安相關法令規範（註12），如此在權利（獎勵）與義務（國土保安）不對等現象，導致「原住民保留地的農牧用地」成為國土保安的一大漏洞。同時，

在經濟效益上也是嚴重失衡，試想政府獎勵人民造林 1 公頃花了 53 萬元，種了 20 年之後，地主卻以 2-4 萬元賣給伐木業者，怎麼算都是大失血，可以不管嗎？

1961 年台灣省政府農林廳山地農牧局成立，也就是水土保持局的前身，開始有計畫大規模的鼓勵人民往邊際土地的開發。同年頒布了「台灣省農林邊際土地宜農宜牧宜林分類標準」，依據林地之坡度及土壤，予以分類為宜農者農耕；宜牧者放牧；宜林者造林。

爾後，再根據「山坡地保育利用條例」，按照坡度、土壤深度與沖蝕程度、母岩性質等條件，畫分為宜農牧地、宜林地及加強保育地。宜農牧地，就是可以從事農耕，畜牧等生產活動，但要做水土保持處理與維護；宜林地，就是不適合農耕之土地，依法要造林或維持自然林木或植生覆蓋；加強保育地，就是沖蝕極嚴重、崩塌、地滑、脆弱母岩裸露之土地，不能做任何的開發利用。

不過這項法規有個極大的漏洞，只要土地進行分割，將較為平緩的部分切分出來，申請「可利用限度異議複查」，通過之後便可合法變更為農牧用地（註 13）。

山坡地、河川地等不一定適合人居，或者從事農耕、畜牧和觀光業，甚至反覆進行伐木、造林的林業活動，這些土地有些本來就是環境敏感區，很容易受災；有些土地的利用則會導致水土流失。

1959 年地理學家陳正祥就曾經說：「在沉重的人口壓力之下，台灣的森林只有在不適開闢為農田以及採伐或搬

10 年前的這份報告，還有待更新資料，但仍值得提供參考和討論。

資料來源：自由時報 2009 年 3 月 12 日 A7 版。

運極度困難的情形下才得保存。國府從 1949 年來台 10 年之間，耕地所增加的 24 萬公頃，耕地的增加是山坡與河灘、塗灘、沼澤等荒地的起用，可以說明台灣的土地利用已達極限（註 14）」。

依照農委會 2017 年「全國農業及農地資源盤查成果彙整表」，在現有宜農牧地 35 萬 6,297 公頃中，實際下有 18 萬 8,311 公頃是有森林的狀態，可能是加入政府的獎勵造林，或者棄耕後自然復育為森林。這在現有法規下，被稱為「降限利用」的行為。這些非法定森林的存在，是由於 1970 年代後瓦斯普及，不再需要大量炭薪材，才得以保留下來，數十年來，已成為淺山地帶野生種植物很重要的棲地，其中石虎便是指標物種。

在伐木養菇調查的過程中，我們就發現了許多宜農牧地，事實上很陡峭，現地研判地質也很脆弱，而且存在著

天然林，根本不適合農耕使用，但這些山坡地依法都是可以砍伐森林進行耕種，近年來，甚至被變更為工業、住宅。

在最新的全國國土計畫中，近 36 萬公頃農牧用地被規劃為「農業發展區第三類」，其中包括了既存 18 萬公頃的淺山地帶森林，其保護或採取永續性的利用，將會是台灣里山倡議的焦點課題，很需要制定長遠的政策計畫。

這份報告的揭露並非要打擊現有養菇產業，而是希望政府和社會共同面對此一問題之嚴重性。據業者宣稱，台灣的養菇產業之從業人口達 2 萬人，產值達 70 億，這表示輔導養菇事業減少森林失序的破壞，往環保永續的方向極為重要。

解決之道

研發木屑替代品，提升菇蕈類生物效率：根據農試所的研究，栽培秀珍菇、珊瑚菇如使用蔗渣取代三分之二的木屑，產量同時提高 30%。如果政府能投入經費、人力研發木屑替代品，例如禾本科、稻草、蔗渣、青割玉米桿等，除了可以有效減少木屑需求以及伐木量，同時或可降低養菇產業之成本。其次，若能提升菇蕈類的生物效率也可以降低木屑需求。再者，目前太空包基質只使用一次，就廢棄當有機肥料原料，若能再添加部份新木屑重覆利用，也可以降低木屑需求。

1. 推動太空包的森林認證：

林務局正在推動國產材的森林認證制度，經過認證的

鋸木廠主產物是木材，副產物是木屑，如果樹種適合，就可以做為太空包的原料。在屏東的永在林業已通過全球第一個太空包的森林認證，值得政府持續推動，讓碎木工廠太空包的樹木來源必須驗證自合法林地，且經過良好管理，和國際 FSC 森林認證接軌，也教育消費者辨識、選購符合認證的菇類產品。

配合國土計畫，加強農牧用地之管理：

據我們了解，有許多農牧用地地勢陡峻或土層淺薄、伐木後土壤易被沖蝕。政府應全面清查，將位於環境敏感區，不適於農牧使用之土地在國土計畫中重新定位，可以「國土永續發展基金」補償，或長期編列環境補償的禁伐補助金。同時，建議「森林法」第 3 條應修改為：森林係指林地或接受造林獎勵之土地及其群生竹、木之總稱，將有接受「全民造林」或「獎勵輔導造林辦法」補助事實之土地納入「森林法」管理範疇。

3. 消費者的行動：

一棵樹的成長最少需要 10 至 20 年，但砍樹只要 5 分鐘，吃一口菇更只要短短的幾秒鐘，我們吃菇的背後，似乎未考量到背後森林砍伐所付出的生態損失、水土流失等代價。現階段，消費者可考慮適量食用菇蕈類，或者食用洋菇、草菇等使用發酵稻草當資材，而不是食用木屑種植的菇種。而根本的解決辦法是，支持我們，一起改變森林、林木產品管理的政策，並且落實驗證管理，讓養菇成為永續環保的友善的產業。

說明和誌謝

　　這篇文章是延用、部分改寫重組自高雄市地球公民協會在 2009 年發表的報告,我是調查案的總策畫,研究調查人員除了我之外,主要是楊俊朗先生和袁庭堯、何俊彥等人協力,報告撰寫是由我和楊俊朗共同完成,元貞法律事務所詹順貴律師、靜宜大學楊國禎副教授協助審閱。

　　調查過程要感謝以下機關及人士提供的協助:屏東縣政府及所屬鄉公所開放將伐木流程;農委會農業試驗研究所菇類研究室、台灣菇類發展協會陳宗明理事長、農糧署企畫組、環保署綜合計畫處、林務局造林生產組、森林警察戴志強先生、產業鏈相關業者接受訪談;各縣市政府林務課人員、原住民民族委員會等提供書面資料。

小　檔　案

法定的「山坡地」是什麼

　　依據「山坡地保育利用條例」所稱,山坡地是指國有林事業區、試驗用林地及保安林地以外,經中央或直轄市主管機關參照自然形勢、行政區域或保育、利用之需要,標高在 100 公尺以上者;標高未滿 100 公尺,平均坡度在 5% 以上,報請行政院核定公告之公、私有土地。全台定義的山坡地面積高達 981.277 公頃,為全台總面積 26.69%,根據農委會最新的調查資料,全台灣山坡地宜農牧地約為 36 萬公頃,宜林地約為 33 萬公頃,其他為加強保育地及未登錄地。

註1：農情報告資源網 http://agr.afa.gov.tw/afa/afa_frame.jsp

註2：森林法第 45 條：「凡伐採林產物，應經主管機關許可並經查驗，始得運銷；其伐採之許可條件、申請程序、伐採時應遵行事項及伐採查驗之規則，由中央主管機關定之。主管機關，應在林產物搬運道路重要地點，設林產物檢查站，檢查林產物。」

註3：「台灣森林經營管理方案」第 8 條「…每年度伐木量，以不超過 20 萬立方公尺為原則…」。

註4：詳細作業規範依據「林產物伐採查驗規則」。

註5：依據「水土保持法」第 12 條：「水土保持義務人於山坡地或森林區內從事下列行為，應先擬具水土保持計畫，送請主管機關核定，如屬依法應進行環境影響評估者，並應檢附環境影響評估審查結果一併送核：一、從事農、林、漁、牧地之開發利用所需之修築農路或整坡作業。…」

註6：環保署主管的「開發行為應實施環境影響評估細目及範圍認定標準」第 16 條，規範林地皆伐面積 4 公頃以上者，需實施環境影響評估。

註7：苗栗縣政府核准泰安鄉荻岡段 1、3 地號等 2 筆林地，採伐面積大約 85 公頃，以分期及漸進式採伐，每期不得超過 4 公頃，採運期間自 2008 年 5 月 14 日起至 2008 年 11 月 13 日止。地球公民協會針對苗栗縣政府同一皆伐地區核准 85 公頃事件，予 2008 年 10 月去函環保署建議修改「開發行為應實施環境影響評估細目及範圍認定標準」，杜絕地方政府做不恰當的解釋（化整為零）與施政。環保署已於 2009 年 1 月召開第一次公聽會，2009 年 3 月 3 日召開第 2 次公聽會，收集各方意見。

註8：「非都市土地使用管制規則」第 3 條「非都市土地依其使用分區之性質，編定為甲種建築、乙種建築、丙種建築、丁種建築、農牧、林業、養殖、鹽業、礦業、窯業、交通、水利、遊憩、古蹟保存、生態保護、國土保安、墳墓、特定目的事業等使用地。」不同編定，法律許可的使用強度和項目就有差異，理論上農牧用地就是允許做農業和畜牧使用，沒有規定要保留森林。

註9：屏東縣政府曾經召開「農牧用地上林木之採運疑義研商會議」，並請林務局釋示「農牧用地」之林木採運許可證核發及營林目的等相關疑義。林務局根據森林法第 3 條回覆屏東縣政府：「農牧用地非屬森林相關法規所規範範圍，故其地上林木之採運與『營林目的』與否無涉，如欲處分地上獎勵造林木，無須依森林法及其相關法規辦理。」

註10：2008 年 9 月 5 日林務局公告的「獎勵輔導造林辦法」第 1 條「本辦法依森林法第 48 條規定訂定之。」、第 4 條「於山坡地範圍內之下列土地區位實施造林，其土地最小面積為 0.1 公頃以上者，得申請造林獎勵金：一、有本法第 21 條第 1 款至第 3 款情形之林業用地。二、原住民保留地使用編定為林業用地之土地。三、非都市計畫區之農牧用地。四、其他經中央主管機關認定有實施造林必要之地區。」

註11：從「森林法」第 5 條「林業之管理經營，應以國土保安長遠利益為主要目標。」、第 10 條「森林有左列情形之一者，應由主管機關限制採伐：一、林地陡峻或土層淺薄，復舊造林困難者。二、伐木後土壤易被沖蝕或影響公益者。三、位於水庫集水區、溪流水源地帶、河岸沖蝕地帶、海岸衝風地帶或沙丘區域者。四、其他必要限制採伐地區。」、第 13 條「為加強森林涵養水源功能，森林經營應配合集水區之保護與管理；其辦法由行政院定之。」等可以看出「森林法」對國土保安功能有相當程度的規範。

註12：山坡地土地可利用限度分類標準，1977 年公告。

註13：陳正祥，1959。《台灣地誌》上冊，敷明產業地理研究所第九十四號報告，1993 年 2 版，台北南天書局出版。

第六章

限制伐木補償

在許多的林地調查中，我們發現 1 公頃森林的木材收購價格只有 1 至 2 萬元，有些甚至只有幾千塊。相較之下，政府獎勵造林在山地要花上 53 萬元，平地要 160 萬元。

為什麼不把錢花在保護既有的森林不被砍伐？用經濟誘因減少森林地之賤賣？

全國首創：屏東縣限制伐木政策

屏東縣向來是參與政府獎勵造林面積最多的地方，伐木再造林的問題相當嚴重。

2006 年曹啟鴻當選屏東縣長，隔年提出「屏東縣原住民保留地限制林木伐採實施計畫」，希望減少地主賤賣森林。這項政策兼顧保護山坡地與地主的權益，可以說是地方政府首創的森林保育政策，與「氣候變遷綱要公約」第 13 次締約國大會達成的「峇里行動計畫──避免開發中國家毀林」（REDD. Reduce Emissions from Deforestation in Developing Countries），保護森林的國際潮流接軌。

參加的地主與縣政府簽約 10 年內不砍樹，依據該森

這是參與屏東縣政府
限制伐木補償，所留
下的森林。
（2010.6.23 屏東大
漢林道）
攝影 @ 李根政

林的木材蓄積量，領取每 1 公頃 3–6 萬元不等的補償金（表
1），而且 10 年限制期滿後，土地上的樹木所有權還是歸
地主所有，相較於地主賣給伐木商——每公頃林木賣價僅
有 2 萬至 4 萬元不等，有經濟上的誘因。

2007 年實施的成果是：原本屏東縣林農向林務局申請

森林裡有多樣多層次
喬木、灌木和草本植
物。

攝影 @ 李根政

200 公頃的伐木案，最後林務局核准 130 公頃，其中約有
73 公頃接受了縣政府 10 年限制伐木補償，由於是第一年
辦理，但有些林農早已和伐採商簽約並收錢，來不及參與。

　　保護 73 公頃的森林免於全面皆伐，總共只花了 396
萬元，這項政策相較於中央政府的造林獎勵的效益高出很
多，所需經費約在五至十分之一，也更能照顧到原住民或
林農的經濟。

　　我們曾經考察過其中一片森林，是很美麗的天然次生

杜虹花
攝影 @ 李根政

月桃
攝影 @ 李根政

林。

　　2017 年 8 月，在他從農委會主委卸任後，有一次非正式會談中，我特別問他：屏東縣政府財源困窘，為什麼可以找出這筆錢？為什麼會推動這個政策？

　　他的說法是：其實很早就認為要推限制伐木，因為每年土石流下來很多，常常要花很大力氣去要疏濬，砂石是個麻煩。然而，疏濬賣砂石可以賺錢，其中 40％ 留地方，60％ 上繳中央變成了水資源作業基金。這些錢是地方政府的小金庫，縣府和鄉公所常常辦一些活動、或者摸彩亂花。荒謬的是破壞山林造成砂石越多，小金庫的收入越多，形成惡性循環，非常不合理。所以他們就把這些賣砂石的錢拿來推動限制伐木補償，但後來，水利署不肯同意水資源作業基金，只有第一年沒管，縣府只好自己找財源。

　　不過，單一縣市的努力無法扼止不合理的森林砍伐，

2018 年高雄市茂林
區德樂日嘎大橋橋頭
旁的伐木再造林地。
（2018.7.30）
攝影 @ 傅志男

限制伐木補償辦法實施後，屏東縣的碎木商抱怨當地樹木
取得困難，乃轉向台東地區採購。

　　對於關注全台灣山林保護的我們來說，單一縣市的鼓
勵禁伐補償，顯然無法全面性地保護台灣山林。

從這個角度可以看到坡度相當陡峭，且位於道路旁，這樣的區位是否適合經濟營林，恐怕有得商榷。（2018.7.30）

攝影 @ 傅志男

　　於是我們開始以屏東縣的禁伐補償制度遊說中央政府，要求實施環境敏感區禁伐政策。林務局在 2010 年呼應民間訴求，提出「限制採伐補償方案」，預估納入採伐補償之面積約為 7 萬 221 公頃。若以每年每公頃補償金 2 萬元計算，1 年約 14 億的預算，但是，竟遭到經建會與主計部門反對而停擺。

　　14 億相較於中央政府 1 年約 2 兆的總預算實在是九牛一毛，這代表著山林保護不受到主政者的重視。長期以來，政府寧願把預算花在工程費上，2005 年通過 8 年 1410 億的治水預算，在河川上游搞水土保持工程，下游蓋堤防，但對保護河川上游的森林，則是一毛不拔，形成極大的諷刺對比。

原住民保留地禁伐補償及造林回饋條例

　　當我們在中央政府推動環境敏感區禁伐政策時，原住民立委也開始轉向推動禁伐補償，而且要求補償金額加碼。2015 年底，立法院通過了「原住民保留地禁伐補償及造林回饋條例」，將禁伐補償的範圍擴大到全台灣的原住民保留地的「林業用地」，每年 1 公頃補償額度為 3 萬元。

　　這項法案是依據受益者付費、受限者補償之原則，2016 年 7 月 1 日上路。在原住民保留地面積 26 萬 2,678 公頃中，林業用地約 17 萬 555 公頃，農牧用地約 7 萬 5,243 公頃。這項回饋條例畫定的禁伐補償範圍是林業用地合法使用人約 6 萬 5,000 公頃。

　　2016 年通過申請的面積 24,774 公頃，國庫支出 4 億 9,548 萬元；2017 年的申請面積 45,175 公頃，預計支出 13 億 5,525 萬元。所有領取補償費的地主依法不得擅自拔除或毀損林木。

　　目前，屏東、台東、新竹、花蓮縣是參與限制伐木最多的縣市，而原先已參加屏東縣府林木限制伐採計畫，要轉申請禁伐補償者，必須返還已領取之補償金。

　　這項政策至少確保了數萬公頃的森林，不會再面臨再造林的威脅。但是，仍有值得檢討的課題。

　　依照現在的執行方案，林業用地可以參加禁伐補償，農牧用地只能申請造林才有獎勵金。

　　2018 年茂林得樂日嘎大橋橋頭旁，鄰近茂林區公所約 400 公尺、紫蝶度冬谷地約 200 公尺的一處原住民保留地山坡地有伐木的情況。由於伐木的地點，就在部落的門面入口處，地方人士對於這樣的作法不能接受，紛紛向有關機關投訴，但得到的回應是一切都合法。

　　由於這塊土的使用地編定為農牧用地，地主在 20 年前參與獎勵造林，如今因為獎勵造林期滿，無法再繼續領取獎勵金，便依法申請伐木再造林，同時地主也通過了水

土保持的審查。

根據地球公民基金會的訪調研判，20 年前的造林木可能所剩無幾，林地上大都是自然復育的次生林，砍伐後的木材沒有經濟價值，被棄置於現場。這樣的做法，與 2010年 7 月 15 日制定的「許可獎勵造林審查要點」中，「實施造林土地有天然次生林應于以保留，違反者不于審核」的規定有所衝突，更印證了我們所擔憂——從 1997 年到2004 年參與全民造林約 3.9 萬公頃的森林，將陸續面臨伐木再造林的問題。

相較於造林，參與禁伐補償不必付出勞力就有所得，因此，有些地主想申請土地從農牧用地轉為林業用地。

在山區的地主，多數希望自己的土地可以被畫為農牧用地，幾乎沒有人主動要求變更為限制比較嚴格的林業用地。從茂林的案例，說明了禁伐補償似乎正在改變部落對土地利用的想像。然而，全面補償必需考量政府財政的永續性，同時我們也看到珍貴的紫蝶幽谷，並未規畫為禁伐補償的優先區位，突顯這種無差別的補償制度，沒有考慮環境敏感程度制定補償優先順序，極可能淪為另一種低效能的社福措施。

我的想法是：珍貴的水源地，珍貴多樣的野生動植物棲息地，或者基於國土保安環境敏感區的森林，如果位於私人的土地上，為了公益被要求不能砍伐，勢必要建立環境補償機制，這是兼顧人民權益和生態保護必需付出的代價。

這些區域不僅限於原住民保留地，政府應該整合國土計畫和林業、農業的部門計畫，主動調查應該保護的環境敏感區位，依行為人環境友善的程度，考慮財務可行性，制定補償優先序和差別金額，建立起所有山坡地永續經營管理的制度。

例如：在林地上，經濟林和保育林的補貼應該有差異；農牧用地上，如果採用慣行農法，沒有補貼；如果是採有機農業、保留一定比例的保護林帶，或者全面保留森林，發展認證的經濟林，應該給與不同程度的補貼。政府也可以此為基礎，呼籲民間企業和人民響應保護山坡地、森林的行動，例如認養森林、消費對環境友善的山地農產品。

更重要的是，要和社區、地主建立起協商討論機制，一起為山區居民的生計和生態保育找出路。

表 8：屏東縣原住民保留地限制林木伐採實施計畫補償標準表（依目前材價、材積、林農淨收益等分 4 級）

級別	材積（立方公尺／公頃）	補償金額（10 年）	備考
1	35 以上	6 萬元	禁伐以 10 年為一期段，林農自受領補償金 10 年內應負木材保管之責，10 年期滿，縣府視計畫需要及林木生長已達衰退期而決定該筆林地是否繼續辦理禁伐，倘解除禁伐，林木歸林農處分。
2	25-35	5 萬元	
3	15-25	4 萬元	
4	10-15	3 萬元	

附註：補償金額係林農純收益價，即木材市場價格減去伐木成本，目前木材市場價格每立方公尺約 1700 元，伐木成本每立方公尺約 1500 元。

資料來源：屏東縣原住民保留地限制林木伐採實施計畫補償。(2006)

第三部：
經濟林的再定位

2016 的政黨輪替，
任期短暫的農委會曹啟鴻主委提出了山林政策 3 大方向：
天然林禁伐、里山倡議、經濟林 FSC 認證。
台灣近百年生產木材的「林業」，幾乎都是砍伐原始森林而來。
禁伐天然林，確認經濟林是以人工林來發展，
我認為這是台灣山林政策走向了正軌，邁向山林永續的轉型改革。
但是，台灣生產木材的條件如何？提高木材自給率的目標如何設定？
從日治到國府時代的人造林，在木材市場有經濟價值嗎？
什麼樣的制度配套，才讓我們可以安心的使用國產材？

攝影 @ 傅志男

第七章
日本殖民的遺物
——黑心柳杉的故事

　　柳杉（*Cryptomeria japonica*（*L.f.*）*D.Don*）是台灣百年林業最具代表性的造林樹種，從日本時代延續到國府二大殖民政權。今天國人喜愛的阿里山、溪頭、藤枝等森林遊樂區，主要的造林樹種就是柳杉。

　　1965 年到 1976 年，林業單位進行林相變更約 3.9 萬公頃，將原始的闊葉林，如以殼斗科、楠、樟科為主的森林全面伐除，改植人工林，柳杉正是主要的造林樹種。

　　柳杉是台灣的原生樹種嗎？為什麼成為主要的造林樹種？

　　2002 年 2 月 21 日報載「柳杉黑了心」——林務局號稱台灣北部山區 1.5 萬公頃、約 3,000 萬株的柳杉造林，近來發現疏伐砍下的柳杉中，8 成以上罹患「黑心症」，考量水土保持功能，計劃近期內以每 5 公頃為一單位，採用漸進方式逐步砍伐這批柳杉，並就地在山區標售。新竹林管理處的蕭煥堂課長並表示，林務局將在砍伐後的林地改種香杉、紅檜、台灣杉、櫸木、烏心石等本土樹種，一來讓台灣的林相恢復鄉土面貌，二來也可以徹底解決黑心柳杉

為了讓樹木有足夠的
生長空間，正進行疏
伐的柳杉林。
攝影 @ 李根政

砍伐原始森林之後，
從日治以來，柳杉是
最具代表性的造林樹
種。
圖為阿里山森林遊樂
區，前面是砍伐留下
檜木樹頭。
攝影 @ 李根政

的問題。林務局黃裕星局長則表示，這次計畫將柳杉作行
列疏伐，並不是為了黑心症，而是為了改善生態環境，因
為這些柳杉都已屆高齡期，將逐漸老化，因此趁這個時候
改善林相。

這個新聞觸動了一位林業老兵黃英塗先生，藉由自身
對日、台百年來林業經營的深刻體驗，揭發了台灣林業經

營局部陰暗的膿瘡。

　　透過陳玉峯教授的引介，那一年，我和 2 位同事在週末的早晨從高雄前去拜訪黃老先生。黃老先生 1960 年從台大畢業，歷任水里、和社等營林區主任，1974 年從日本九州大學林產研究所畢業，2001 年剛從溪頭森林遊樂區森林育樂組主任退休。由於對事理的堅持，黃老先生以口頭及書面提供了本文寫作的基本資料。

台灣引進柳杉的歷史

　　1891 年，日本土倉株式會社公司（伐木業者）從日本引進柳杉在烏來龜山一帶栽植，但種植失敗。

　　真正影響日後柳杉造林最大的，咸信應是始自目前的溪頭森林遊樂區。1901 年（明治 35 年）日本東京帝國大學台灣演習林（台大實驗林的前身）成立了，第一任主任西川末三決定引進奈良縣吉野川川上村的「吉野柳杉」，由於溪頭是山谷地形，濕度高，氣候和原產地相當接近，明治 39 年便選定了溪頭進行柳杉的造林試驗，種植的地點即是今日溪頭米堤大飯店前的「西川造林地」。（註 1）

　　1909 年（明治 43 年）西川末三引進吉野柳杉來台播種，2 年後正式栽植（1911 年），種植了 10 年之後，日本東京大學教授吉野正男進行調查，結果發現其生長的高度、直徑竟比日本原產地高出 2 倍以上，這個成功的經驗，促使台大實驗林（日治稱演習林）、阿里山等地陸續種植柳杉。

柳杉得了黑心病

　　柳杉在日本的分布，北從本州的青森縣（北緯40°42'），南到九州屋久島（北緯30°15'），而奈良縣吉野林業的中心地川上村，從1501年開始，日本人工種植柳杉已有500年的歷史，黑心柳杉是品種的特徵。

　　黑色心材的柳杉，日本傳統上將其作為釀酒的容器用

2002年2月21日報載「柳杉黑了心」——林務局號稱台灣北部山區1萬5,000公頃、約3,000萬株的柳杉造林，近來發現疏伐砍下的柳杉中，8成以上罹患「黑心症」

攝影＠李根政

材。柳杉黑心的原因至今未明，有人推測是因生長環境溼度高才會變黑色，因為吉野柳杉心材部分含水率是200％，而紅心的秋田柳杉卻只有100％。最近的研究則說是遺傳的因素，然而這樣的推測在日本至今尚未有定論。

　　也就是說柳杉黑心其實不是病，只能說是一種品種的特徵。從日本1995年農林水產省林野廳森林總合研究所／農林水產技術會議事務局所出版的〈柳杉黑色心材的發生及其對策〉可以清楚的看到這樣的討論。從資料上清晰的圖文，我們可以看出遺傳性黑心的柳杉和因傳染病、蟲害所引發的黑心有著截然不同的差異，前者心材部分呈形狀整齊、色彩均勻的圓形黑心，而得病的柳杉則呈現不規則形狀，色彩深淺不同的黑心（註2）。

為了讓媒體看到紅心和黑心柳杉的真實模樣，我特別商請黃英塗先生提供2個樣本。透過朋友從溪頭運送2塊木頭到高雄，由於市區已找不到切割原木的木材行，只好買一把小鋸子自己拼命鋸。
柳杉的切面和話題有點吸引力，隔天聯晚以近半版刊登了這則新聞。

資料來源：聯合晚報
2002年3月12日

　　從日本的文獻中,我們可以證明新竹林管處所謂的黑
心柳杉,根本不是病。然而,令人感到氣餒和失望的是,
全國最高層級的林務單位,竟以台灣柳杉「黑心症」做為
砍伐的理由。

左、右上、右下：
2009 年 7 月 1 日，
花蓮林區管理處玉里
事業區第 27 林班，
柳杉疏伐現場。
左、右上、右下 攝影
@ 李根政

百年失敗

　　在西川造林地試驗「成功」之後，台灣開始陸續大規模種植柳杉，然而隨後從業人員發現問題重重：柳杉快速

生長的時間不過 15 年，在 20 年前後即進入衰老期；同時柳杉對抗天敵的能力差，松鼠喜歡啃食其略帶甜味的樹皮，導致大量死亡，阿里山的紅帽柳杉，就是大量枯死的例子，更由於單一樹種的造林，使得問題更加嚴重。

然而，林業單位並未檢討柳杉造林是否恰當，1945 年國府治台之後，仍然延續日治時代的柳杉造林政策，而由於柳杉結實率非常低，因此在 80 年代前，種子都是從日本進口，最高峰時每年需從日本進口 6 萬公升的種子（註3）。原因是柳杉至今仍無法在台灣的野地自行繁衍。

在政府投入龐大資源進行柳杉造林的背後，更有學者的背書，90 年代尚有學者聲稱：針葉樹中種植量的增加以柳杉約達 200％為最佳，可算是 25 年來造林最成功，生長量最大的樹種（註4）。然而新竹林管處只憑子虛烏有的柳杉「黑心症」，便要進行大規模的砍除，實在是很荒謬。

2009 年，林務局楊宏志嘉義林管處處長曾在媒體表示：阿里山森林遊樂區內的柳杉林因密度競爭淪為不良木，衰退老化並降低物種的多樣性，且柳杉無法天然下種更新，大面積柳杉純林，並不符合生物多樣性原則，整個林相會漸漸枯死。所以打算進行疏伐，並利用疏伐後的柳杉木材，製作相框、筆盒等 DIY 林產加工品（註5）。

這段談話，相當於是承認柳杉黑心不是病，但真的是百年失敗，而且它沒辦法在台灣自然繁衍，如果沒有人繼續種植，總有一天柳杉將在台灣消失。

即使我們揭露了柳杉黑心不是病，也反對用這個理由

來砍樹，但不代表柳杉就不能被砍來使用。

8,000 萬柳杉造林，何去何從

柳杉造林已超過百年，可說是日本殖民時代的活體遺物，如今已證明是失敗的政策，但諷刺的是：柳杉還是目前法定的造林樹種，每公頃造林的株數設定為 2,000 棵。

根據第四次森林調查（2017），柳杉造林現存的面積41,390 公頃，假設每公頃有 2,000 棵，總數將超過 8,000萬棵，可真是龐大的數量。

我個人對於柳杉沒有特別的喜惡，只是覺得這水土不服的異鄉客在台灣長得不怎麼美。但據了解，日本人將柳杉廣泛種植於廟宇及神社，可是一株株令人仰望的壯麗參天巨木。

台灣現存的柳杉林狀態不一，根據林務局清查國有人工林，柳杉有 1 萬 3,933 公頃仍然維持人工林狀態。其他的柳杉林可能已有原生的樹木植物進入，正在進行或快或慢的自然演替。我們要如何經營管理這批百年來種植的8,000 萬棵柳杉？

林務局最新的規畫是打算將這 13,000 多公頃將以疏伐、小面積皆伐，提供穩定的國產材。

我的想法是：政府應該整合並公開歷來柳杉營林試驗的成果和資訊，讓社會好好討論，做為盤點全國經濟營林和人工林政策的重要依據。

例如，有些柳杉林可能位在森林遊樂區、或位於國土

計畫中的國土保安區，是否應該以增加原生植物天然生長空間為目標，提出一套作業辦法，也充分考慮每塊林地的差異，有些可以透過疏伐來增加原生植物進駐；有些區域或許可以不做人為干預，放任自然演替。

2009年7月1日，我們勘查了花蓮林區管理處玉里事業區第27林班。該區位於瑞穗林道14公里處，2008年造林預定實行造林面積50.5公頃，考察實際作業是：疏伐柳杉、集材及割草撫育，疏伐區塊長約10公尺寬約30公尺，間隔7公尺，再疏伐區塊長約10公尺寬約30公尺。

當天，我們從花蓮玉里開車花了將近2個小時車，途中經過道路中斷，不得不穿越溪谷，如果沒有4輪傳動的車輛進不了林區。現場我們目睹2輛運材車在顛跛泥濘的林道上，搖搖晃晃的把柳杉運下山。至今，腦中不時仍浮現的疑問是：這個區位真的適合經濟營林嗎？山區道路是造成坡地崩塌、土石流失的重大因素，維護這條伐木造林的漫長林道，效益何在？恐怕是要經過審慎多元的評估，確認那些林區是可以長期經營的人工林。

根據台大森林系鄭欽龍教授及研究生施友元所發表的調查研究（2006）指出：柳杉每立方公尺在市場價格僅約3,500元，伐木取得木材的成本則超過1,700元（註6）。林國慶（2009）調查花蓮林管處27林班柳杉造林地37年生的柳杉林，計算出每1公頃平均材積量為354.48立方公尺（註7），如果我們將柳杉的市場價格和每公頃的材積量相乘，可換算出每公頃的柳杉林約有124萬元的木材市場

價值。

　　雖然柳杉的採伐略有收益，但如果以破壞原始森林的損失、執行林相變更的支出，加上造林以及數十年的經營管理成本來計算，顯然是很大的賠本生意。

　　柳杉的經驗告訴我們：即使從經濟造林的角度，也必須從台灣的生態環境條件，慎選樹種，才有可能發展出真正具有永續性的林業，否則再回頭可能又是百年。

1：資料引用自〈台灣旅行〉溪頭の杉林・一打奄八十二（即西川末三）1964 年 12 月
試驗名稱：西川柳杉生長量試驗 Growth study of Cryptomeria
試驗目的：調查柳杉之生長量以供施業之參考
造林年月：1912 年 3 月　設定年月：1921 年　面積：0.135 公頃
試驗方法：首五年量取胸高直徑及測定樹高一次，計算其樹高斷面積材積之生長量，5 年後每 5 年測定一次。

註 2：日本為了改善柳杉心材的黑色，有一個作法是將砍下的柳杉放在根材上，另用一支柱墊平，枝條不除去，讓水份自然蒸發，這樣處理後木材的紋路較淡。台灣引進的柳杉品種，另有少部分是秋田種，其心材是紅色的，木材紋路較漂亮，常作為化妝用材（即貼皮用薄片）；以及來自鹿兒島的「薩摩種」，這品種材質較差、心材容易爛，多分岔、樹形軟，因此未在台灣大量種植，目前僅在阿里山奮起湖下約有 3、4 公頃。

註 3：柳杉造林的來源有兩種，以種子育苗稱「實生苗」，以枝條插枝稱「插條苗」，由於插技苗不利大規模的種植，因此只好向日本引進柳杉種子。「2002 年 2 月 21 日聯合報載：黃裕星局長表示，採用插條法育種的柳杉，經過 30 年以上的成長後，即會出現中心變黑的現象，並漸漸衰退，久了會自然枯死，但少部分用種子育種的柳杉，就沒有這種現象。」

註 4：摘自〈森林資源的永續經營──森林資源的過去與現況〉，林國銓（台灣林業試驗所經營系）台灣省林業試驗所，1993。

註 5：記者謝恩得，阿里山報導〈阿里山柳杉林 擬疏伐瘦身〉，2009 年 5 月 20 日，聯合報。

註 6：鄭欽龍、施友元，2006。《南投地區承租造林地林木伐採成本之分析》，中華林學季刊 39(3):315-327。

註 7：林國慶，2009.06. 不同疏伐作業下之經濟效益分析及其對留存木之影響研究計畫，國立台灣大學農業經濟學系執行，行政院農業委員會林務局花蓮林區管理處委託，頁 5-12。

第八章
熱帶雨林帶給台灣的訊號

台灣的木材自給率不到 1%，每年 500-600 萬立方公尺的木材需求，從那些地方來？

舉凡傢俱、裝修用的合板木料，有沒有破壞熱帶雨林、非法砍伐的問題？身為地球公民的一員，台灣人該從什麼角度理解和討論？

馬來西亞砂拉勞越拓展替代生活協會（IDEAL, Institute for Development of Alternative Living）團隊，黃孟祚牧師一行人，在 2014 和 2016 年兩度來台，呼籲台灣政府立法禁止非法木材進口，也請求台灣民間社會協助。

根據林業試驗所統計 2011 年關稅貿易總局的資料顯示，台灣當年的木材進口約在 527.8 萬立方公尺，其中原木有超過一半是從馬來西亞進口，人造板則超過 34%，台灣在這 2 項木材的進口地區，馬國都是名列第一（見 p.212 表 9）。另外，根據砂拉越木材發展機構（STIDC）2015 年首季報告顯示，台灣更是砂勞越木材的第二大進口國，印度及中國分居第一、三。

世界自然基金會（WWF）曾經在 2006 年估計台灣每

馬來西亞砂拉越拓展替代生活協會（IDEAL, Institute For Development of Alternative Living），黃孟祚牧師。
2016.3.24 拜會地球公民基金會。
攝影提供 @ 地球公民基金會

年木材產品進口，有高達 45％為可疑非法砍伐林木。嘉義大學生物事業管理系李俊彥教授試算 2009 年台灣進口木材中，實木類產品約有 16–24％的可疑非法砍伐木材，紙與漿類約有 11–14％來自可疑非法砍伐林木，估算台灣的可疑非法砍伐林木進口量約佔總進口量的11–24％（註1）。

另外，台灣大學森林系邱祈榮教授在 2012 年的研究推估，台灣自 1999 年到 2009 年原木具有來自非法伐採或貿易的風險，約佔總量 27– 29％，這段期間馬來西亞正是台灣進口非法原木的來源風險最大的國家。另外從 2004 年至 2009 年製材有來自非法伐採或貿易風險，約佔總量的 24 –31％。（註 2）

這些不同的推估數字雖然有差異，但都告訴我們，台灣確實存在相當高比例的非法進口木材，不容政府和民間忽視。

黃孟祚牧師帶來的訊息是：馬國砂勞越地區的熱帶雨林，90％的森林已遭砍伐至少一輪，原始森林僅剩 5％，其消失速度高居全球之冠，而台灣肯定有責任。

達邦樹・無聲的吶喊
The Silent Scream of Tapang Tree

為了讓中文世界更了解這議題，黃孟祚等人建立了網站「達邦樹・無聲的吶喊」。這個名字來自一種受保護的植物品種「達邦樹」，這是砂拉越常見的高大樹木，生長在東南亞低海拔的熱帶雨林中，高度可達 88 公尺。其樹

幹光滑，樹枝離地面 30 公尺，並自然地吸引森林巨蜂來築窩釀蜜。蜂蜜的價值曾經保護它免受砍伐的厄運，當地居民只能採用自然倒下的達邦樹為木材。

「達邦樹」讓我想到「台灣杉」，全台灣最高的樹，可以長到 70–80 公尺甚至更高，歷史紀錄高達 90 公尺，魯凱族稱呼它是「撞到月亮的樹」，族人會爬上去採集愛玉。過去日本人調查阿里山區有 5000 棵台灣杉，但隨著伐木事業而族群式微。

2016 年 3 月 24 日早上，黃牧師在環境資訊協會舉辦的地球日記者會，講了這段話：

「來這邊跟大家分享沙勞越（馬來西亞婆羅洲的一個部分）森林被砍伐的問題。過在 60 年代，這裡有 85％森林的土地（面積），現在只有 5％的土地。

我不是要潑大家冷水，但剛聽台灣幾位夥伴分享，其實，種樹在城市或平地被破壞的地方或許需要，但對我們而言並不是重要的事情；對熱帶雨林來說的話，只要你不干擾它，它自動會恢復。可是馬來西亞沙勞越的政府也是認為（要）植樹，把大片大片的森林砍伐，不是拿來種做棕油（棕櫚油）的棕櫚樹，就是拿來種再生的木（材），所以人工林就是木材採用的生意，也對當地的社會造成嚴重的破壞，連土地權利都給他們拿過去了。」

聽到黃先生的這段話，我的感想是：「今日砂勞越、昨日台灣。」台灣歷經百年來日本和國民黨政權，砍伐原始林，再造人工林，摧毀了台灣大部分的原始森林，對山

林環境與原住民都是嚴重的傷害。如今，大伐木時代已經結束，台灣身為馬國木材第二大進口國，對於熱帶雨林的消失，必須具有同理心地去理解我們的責任，這是極為令人不安的倫理課題。

記者會後，黃孟祚牧師第二次來到地球公民基金會拜訪，這一次帶了 2 位青年伙伴同來，他說：等了 40 年才等到這 2 位伙伴一起關心砂勞越的伐木問題。我聽到「等了 40 年」，為之動容心酸，除了對黃牧師的堅持有著深切敬意，也心有同感。森林議題與人們的生活密切相關，但地理距離十分遙遠，在都市化的生活中更不易接觸，願意為森林保護挺身而出的人實在太稀有。

對於黃牧師請求協助，心裡真的很希望可以多做點什麼。以地球公民基金會的角度，台灣山林的保護是最優先的項目，同樣面臨人事變動，新生議題不斷，經驗傳承不易，以當前的人力和財力實在無法再處理非法木材進口的課題。因此只能承諾黃牧師持續關切，追蹤了解政府進度。

台灣的木材消費與自給率

台灣高達 99％以上的木材仰賴進口，根據 2011 年的統計，木質材料需求量為 529.2 萬立方公尺，自給率為 0.45％。當年國內的消費量為 520.4 萬立方公尺，而出口量僅為 8.8 萬立方公尺，這表示 98.3％均為內需市場（註 3）。根據台灣建築中心的調查統計，台灣 1 年的木材進口約 400 億元，出口約 50–60 億元，85％的木材進口掌握在

20 家企業手中（註 4）。

　　台灣如何面對不到 1% 的木材自給率？自己不砍樹，都靠進口，而且半數來自熱帶雨林，而且有嚴重的非法砍伐問題？做為一個木材消費大國，台灣政府、企業和人民確實有責任要面對，但要如何著手？

　　第一個問題是：台灣的木材有沒有可能自給自足？答案是，台灣即使是伐木最高峰的 70 年代，1 年伐採約 200 萬立方公尺，砍伐面積約 1.7 萬公頃，遠比陽明山國家公園的面積 1.13 萬公頃還多，但也僅能供給目前約三分之一的需求，我們很想像台灣要重啟大規模的伐木。而且當年是砍伐千百年的巨木，如今何來這樣的森林資源？台灣地質年輕脆弱、災變不斷，是否還禁得起這樣大規模的伐木？又要如何設定合理的自給率目標？

　　就林業經濟的觀點，台灣伐木歷史上，只有少數高價的特有木材，如紅檜、扁柏等，其他很難與國際市場競爭，且難以供應工業、民生的需求。林業專家任憶安（1993）很早就說：台灣森林樹種複雜，就木材工業而言，原料少而質異，不能配合木材工業的需要，國內的木材消費與木材生產一向欠缺關連。這說明了，台灣木材自給率目標，就是要考慮天然條件限制。

　　但即使人造林選對樹種，也有土地面積狹小等限制，再再顯示台灣不可能成為林業大國。當前林業的重啟，在訂定木材自給率目標上需要更務實的盤點，更要考慮陳玉峯教授長年的主張──「戰備用材」。當台灣在戰爭期間

貿易被全面封鎖時，保留備用木材，這是台灣面對中國武力威脅的情況下，應該納入的政策思考。

第二個問題是：我們可以提高多少木材自給率？如何做？前林務局李桃生局長表示，5年內將國內木材自給率由0.5％提高至3％。差不多是18萬立方公尺。這個目標要如何達成，還沒有看到林務局沒有具體的策略。

我的想法是：要先釐清台灣在木材與紙漿材在需求端和生產端的資訊，才能擬定行動策略。需求端方面，台灣1年進口約450至600萬立方公尺的木材，那底是誰在用？工業或民生？用材或紙漿？比例多少？而在生產端面向，到底台灣有多少適合生產木材的人工林，如果在「植伐平衡」的情況下，1年可以生產多少木材？那些種類可以發揮「進口替代」，提高自給率？更重要的是，台灣的國產林產業能否永續經營？

我的建議是：短期之內要提高自給率並不容易，應加速禁絕非法木材的進口，面對國際責任。政府的公共工程更應該優先使用經過森林認證的木材（含國產）。同時，也應該同步推動國內合法木材認證、杜絕盜伐，養菇業的木材來源應有認證及標示。

非法木材的管制

解決非法木材的問題，涉及到生產木材的國家是否有妥善的民主治理，進口國的法規監管，以及跨國的木材貿易是否有良善的協議。

國際間，遲至 2003 年起，歐盟、美國和澳洲等國，才陸續推動管制非法木材進口的法案。如果進口商違法將面臨法律罰則，甚至是刑責。

　　美國在 2008 年通過的雷斯法案修正案，要求進口商必須在進口時提出申報物種的學名、進口價值、數量和採伐的國家等資訊，如果被查驗到非法要重罰；澳洲在 2012 年通過「禁止非法採伐木材」法案，則規定違反他國法律取得之木材製品，都屬於違法；歐盟的作法更為積極，從 2003 年起除禁止非法木材進口，更與貿易國簽定自願夥伴協議 (VPA)，僅進口經合法驗證的木材。並進一步於 2010 年通過歐洲木材條例 (EUTR)，明定木材營運者與貿易商的義務並要求實行盡職調查制度。

　　日本的法案比較例外，乾淨木材法案（Clean Wood Act）在 2016 年才通過，2017 年 5 月開始執行。中央不是透過罰則來禁止非法木材，而是通過採自願性登錄，如果被政府查到造假謊報才會處罰。

　　台灣是亞大經合會（APEC）的會員，其 21 個會員經濟體占了全球材產品貿易的 80% 以上，有鑑於非法伐採森林對經貿、環境和社會都產生重大影響，2010 年的領袖會議發表了宣言，同意加強合作，以解決非法採伐林木及相關貿易的問題，並推動永續森林經營及復育。2011 年的貿易部長會議指示資深官員成立專家小組，促進合法採伐林產品之貿易、打擊非法採伐，2012 年成立了非法伐採及相關貿易工作小組（EGILIT），每 2 年召開一次，我國的林

務局歷年來都有派員參與這個最基層的會議。

根據參與會議的吳俊奇技士表示，比較積極推動的是美國、澳洲，與其做為比較上軌道的木材出口國，與為了增加國內木材的經貿競爭力有關。一旦木材進口國家開始管制非法木材，木材的採購多數會從熱帶材轉向歐美的溫帶木材，因為這些的文件和證明會比較齊全。

台灣目前尚在蒐集各國制度，研擬台灣打擊非法策略的階段。有在進行的是要求進口商提出產地證明，但尚未建立起相應的監管系統。極須要加緊努力，以避免國內的木材消費成為熱帶雨林消失、當地原住民受到迫害的幫凶。

我們是否要透過「立法」的方式來管制非法木材進口？根據調查，台灣有超過8成的進口木材是20家廠商在掌握，如果現在起就加強這些廠商合法證明的查驗，並加入透過公開有公信力的第三方驗證，或許就能快速讓非法木材進口止血，回應達邦樹無聲的吶喊。

但是，東南亞擁有熱帶雨林的國家，通常政府的治理有嚴重的貪腐，即使台灣建立了禁止非法木材進口的規範，但如何驗證這些國家出口證明沒有造假，將會十分困難。

企業和消費者的行動

黃孟祚牧師在接受《報導者》訪問時，曾經犀利地批評：「你們台灣人會保護自己的森林，卻轉而來破壞馬來西亞的森林囉！（註5）身為地球公民的一分子，台灣人無去閃躲自己良心的問責。

在政府尚未能有效禁止非法木材進口之前，而且台灣天然條件注定是林業小國，提高木材自給率不易的情況下，我們可以做些什麼？

我的想法是：有良心的木業、傢俱、造紙企業，在政府未規範前，不僅要確認自己所用的木材來源合法，更應該全面使用經過森林認證的木材和紙漿，並提高再生紙漿的使用率。

在國人消費方面，例如傢俱和紙類，現在就可以選擇經過森林認證（FSC、PEFC 等），不破壞原始森林、熱帶雨林的合法木材和紙漿，給予企業壓力，盡一己之力參與保護森林的各種倡議或行動。並且減少木材、紙類的消費。

如果可以，我更期待台灣環保運動可以運用台灣的經濟力，去支持推動熱帶雨林的保護工作，為減緩砂勞越雨林的伐木壓力，善盡地球公民的責任。

表 9：2011 木質材料進口（來源）國家

項目	進口量 （萬 m^3）	進口國 (%)			
原木	67.8	馬來西亞 54.3	紐西蘭 11.2	日本 8.7	其他國家 25.8
製材	122.8	加拿大 31.9	馬來西亞 17.7	美國 15.8	其他國家 34.6
人造板	143.8	馬來西亞 34.5	中國大陸 25.7	泰國 18.8	其他國家 21.0
木漿材、木片	192.4	泰國 44.4	澳洲 34.1	印尼 11.7	其他國家 9.8
合計	527.8				

資料來源：陳麗琴、林俊成、吳俊賢、黃進睦、陳溢宏，2012。《台灣地區木質材料需求量之現況分析》研究報告，林業研究季刊 34(4)：287-296。http://exp-forest.nchu.edu.tw/forest/upload/publish/706-3_4_p287-296.pdf

黃孟祚先生的背景資料

黃孟祚，1950 年出生於馬來西亞砂勞越詩巫。擁有神學學士、教牧碩士與環境管理碩士學會。曾獲馬來西亞國民大學公共知識分子學者獎、美國加州大學伯克萊分校訪問學者獎。著有《顧全大地：生態與信仰思考》、《邁向永續農耕》及《鄉土情，全球意》。曾任基督教砂勞越衛理公會牧師，報章編輯，學院講師及研究院。

自 1980 年代以來致力於原住民人權與福利事工，為砂勞越非政府組織先驅。在 80 年代與志同道合的朋友成立了社區教育學會，走入長屋投入原住民的社區教育工作。儘管該學會在 1996 年遭砂州政府吊銷執照，其熱忱毫不消退；於 1996 年組織與領導砂拉越拓展替代生活協會（IDEAL，Institute for Development of Alternative Living）等團體，繼續跟進環境與原住民人權的議題，包括原住民社群的教育、社區基本設施、習俗地權益、森林砍伐、水壩修建及濕地開發等。

目前為砂勞越衛理公會會友傳道、專欄作家、社會與環境諮詢員、砂勞越公民社會聯絡網串聯成員、詩巫淨選盟與選舉觀察團成員和詩巫巴金森協會主席。（以上為黃牧師來訪時提供）

註 1：轉引李俊彥，臺灣進口可疑非法砍伐林木之現況及因應措施，國立嘉義大學生物事業管理學系，林業研究專訊 _99_ 林業論壇）

註 2：邱祈榮，林俊成、林幸樺，2013。<從國際打擊非法木材貿易趨勢探討台灣林產業發展契機>，台灣林業 39 卷第 6 期。

註 3：陳麗琴、林俊成、吳俊賢、黃進睦、陳溢宏，

2012。《台灣地區木質材料需求量之現況分析》研究報告，林業研究季刊 34(4)：290。

註 4：2017.9.26 林業與森林保育論壇，財團法人台灣建築中心，黃姿文簡報和口頭說明，地球公民基金會主辦。

註 5：何欣潔，2016.04.20。馬來西亞森林消失中　台灣人是幫兇？報導者 https://www.twreporter.org/a/forest-protect-malaysia

第九章
國產木材的前景

金門老家有一套苦楝做成的長短板凳，已經坐了超過 40 年。那是家門前池塘邊自己長大的苦楝樹，砍下來後老爸委託木工師傅訂製了好幾張板凳，苦楝做成的椅面，木紋間距大，深色年輪有些突起，木節也明顯，或許不是那麼細緻優雅，但我很喜歡這樣的椅子。

我們一邊在保護森林，一邊得把樹砍下來做成喜愛的木材製品，這個矛盾可能協調嗎？

2016 年的政黨輪替，任期短暫的農委會曹啟鴻主委提出了山林政策 3 大方向：天然林禁伐、里山倡議、經濟林 FSC 認證，我認為是台灣山林政策走向了正軌。天然林禁伐是森林運動 30 年來的主張，里山倡議則代表在山區的聚落，要邁向和自然和諧共存的生活型態。經濟林 FSC 認證，意味著台灣的經濟林政策終於要和國際接軌，或許有一天，台灣人可以安心的使用本土的木材。

台灣人可以安心地使用國產的木材嗎？
攝影 @ 李根政

FSC 經濟林──台灣林業的重新定位與轉型

回顧歷史，1991 年台灣禁伐天然林，1992 年聯合國通過了森林原則和生物多樣性公約，1993 年森林管理委員會成立，開始推動經濟林認證制度，尋求經濟、社會和環境的永續林業。

但是禁伐之後的 20 幾年間，林務局陸續轉向保護森林與生態保育，畫設保護區、巡山扼止盜伐、保育動植物、和各種林地違規行為角力，從 2002 年起林務局更開始推動社區林業，開啟了一些淺山地區的生態旅遊方案，也為在現在的里山倡議的政策方向打下基礎。

然而，人工林的經營並沒有跟上這股國際進步的潮流，由於林業單位的一些掌權者始終不放棄利用天然林，巧立名目伐木再造林，疏於人工林的經營，面對國產材的

台灣杉的枝葉渾身帶刺，防止了鼠害，成為目前主要的新植造林樹種。

攝影 @ 李根政

根據 FSC 規定，高
保護價值的動植物需
保留。圖中這棵是高
約 15 公尺的牛樟。

攝影 @ 黃瑋隆

產銷困境，所以和環保運動產生強烈的對立，虛耗了寶貴的社會力。這是大伐木時代的餘緒，一個充滿矛盾的年代。

　　事實上，對於水土保持來說，最重要的是保留多層次的森林，增加森林面積的造林，這樣才有意義。合理的做法應該透過保護森林、山坡地的管理、減少道路、鼓勵友善的農法去達成。禁伐天然林的政策，正是呼應了台灣森林保護運動的主張，希望可以讓天然林休養生息，發揮「護國神山」的功能。

　　而「伐木造林」是為了取得木材的一種「經濟營林」，主體是經濟利用，只是在過程中設法降低環境風險，增加

經濟和社會效益，關鍵在於如何在「對的地方」用「對的方法」經營，FSC 森林認證制度的引進，正是一個和國際接軌的新林業起點。

根據林務局最新的規畫，經濟營林將會是在海拔 1,500 公尺以下的人工林，在第四次森林調查的分類中，生產性人工林的面積約 29.1 萬公頃，占全台森林面積 12%。其中，在交通可及性高、林況地況優、無國土保安和環境敏感疑慮，具林木生產潛力的公有（縣市政府）私有、國有租地、獎勵造林區域，約有 13.7 萬公頃，林木計有 3.2 萬公頃，木竹混合 4.1 萬公頃，竹林 6.4 萬公頃。

而在國有的人工林方面，仍然維持人工林狀態者約有 11.4 萬公頃，樹種以松類 1 萬 9,325 公頃最多，其次為柳杉 1 萬 3933 公頃、檜木 1 萬 1074 公頃。根據圖資篩選對環境影響程度低，具生產力的約有 6 萬公頃。而這 6 萬公頃的國有經濟林將以疏伐、小面積皆伐，提供國產材穩定來源。也就是說台灣的國有林、公、私有林加起來約有 20 萬公頃將會做為國產木材的生產基地。

回顧 1978 年第二次森林調查的結果，在大伐木時代最高峰，當時全台的森林地 186 萬 4,700 公頃中，用來做為生產的林地高達 178 萬 6,500 公頃，非生產林地僅 7 萬 8,200 公頃，也就有全台 96% 的森林都規劃用來生產木材。在 40 年後的今天，規劃中的生產性林地已降至 10% 以下，正代表國家的森林政策明確的轉型，但已付出慘痛代價。

與正昌林業梁國興先生討論 FSC 的林地規範。
攝影 @ 李根政

上、右：2014 年 6 月，我們在梁兆清（梁國興的父親，正昌林業創辦人）的帶領下，參觀了整個木材廠的作業流程，呼吸吐納盡是木材的辛香。
上、右攝影 @ 李根政

FSC 的驗證，就是要在對的地方，用對的方法經營人工林、生產木材，這是台灣林業經過百年砍伐天然林，轉向經營人工林的重大改變。

在砍伐原始林的年代，林務局只管砍樹和標售，市場搶著要；但當前要打造新林業，林務局得從生產和銷售一步步建構制度，而且面對國際市場的競爭，國產材的發展挑戰相當巨大。

台灣第一家 FSC：正昌林業

2014 年 6 月，我和伙伴們前往位於新竹縣竹東的正昌製材有限公司，這是台灣目前少數還存在的製材廠，這個行業隨著大伐木時代的結束，加上人工經濟林沒有起色而迅速沒落，2000 年左右，像正昌這樣的原木製材工廠還有 1,250 家，現在只剩 160 幾家，工作人員平均年齡 55 到 60 歲（註 1）。正昌的木材，提供了古蹟修復用材、客製化的實木傢俱，室內裝潢實木牆板，還有棧板等。其得以生存，與台灣的古蹟修繕需要「福州杉」，以維持和原材料的一致性有關，我的金門老家，為了修繕在 823 炮戰中毀去的大廳，主樑正是使用台灣生產的福杉。

根據統計，台灣經營面積超過 100 公頃以上的林戶僅有 20 戶，正昌從 1973 年開始在新竹五峰鄉竹東事業區承租國有林地造林，屬頭前溪支流上坪溪的上游，分布在 3 區，面積共 212.15 公頃，海拔高度約在 1,000 公尺。

但這樣的面積還不足以供應整個製材廠所須。正昌持

續在收穫之前所種植林木，送到自家的製材工廠進行裁切、乾燥、防腐、加工，供應量約佔三分之一，其他三分之二要向其他林農採購，和標售國有林的疏伐材。

2015 年，正昌以這 200 多公頃承租的林地，獲得 FSC 國際森林委員會的認證，取得森林經營管理驗證（Forest Management，FM），成為台灣第一家通過 FSC 林產認證的公司。據了解，為了獲得這項認證，正昌製材耗費 5 年時間與數百萬經費進行調查和改善，很值得社會的肯定。

全台灣向政府租地造林約有 10 萬公頃，其中有上萬公頃以上有違規和超限利用的問題，林務局林政組約有 7 成的行政人力在收拾這個爛攤子。

正昌公司是符合規定使用的 8 萬公頃林地之一，也是唯一通過森林認證的經營者。

什麼樣的因緣，讓正昌申請國際森林認證？二代林主梁國興先生說，2010 年台北市舉辦國際花卉博覽會，負責設計新生公園展區及 3 座永久展館的張清華建築師為了找尋台灣有森林認證的木材，找上了正昌，因為這件事他開始研究 FSC 的規範，覺得自己的林場可以做得到。後來在李俊彥教授的協助下，由台大森林系邱祈榮教授團隊進行了 3 年多的林地調查，設立永久樣區，再由認證公司進行驗證，前後花了 5 年的時間。

2018 年 3 月 16 日，我們參訪了正昌的林地，在梁國興的帶領下，進一步了解林地的運作。

正昌的造林樹種是柳杉、福州杉——杉木（註 2），還

有少量的松樹、油桐及泡桐，後來因為生長不佳，也沒有經濟用途，只好伐除改種其他樹種，福州杉是目前市場價格較好的國產材，原因是有明確的需求（古蹟修繕），但林務局已沒有供應苗木，很難再新植，已經越來越稀有。近10幾年來，正昌新植的樹種開始以台灣杉為主，2016年後則只種台灣杉。原因是在林場內柳杉和福州杉鼠害（飛鼠跟松鼠）問題嚴重，鼠咬樹、剝皮，樹木就遭細菌感染，柳杉的受害比率竟達8至9成，導致木材品質不佳或植株死亡，而本土種的台灣杉就安然無恙，梁先生推測是台灣杉有刺能防鼠。

台灣杉不僅長得好，也比較快，正昌最久的台灣杉已經17年了，今年（2018）開始疏伐，根據梁先生的說法，台灣杉要足夠成熟，木材的品質才會好，適當的輪伐期為50年，柳杉是20年，福州杉15年。

梁先生今年37歲，等到可以收穫剛種下的台灣材，已是80幾歲的老人，這真是回收期很漫長的產業。

這個經驗實在令人感概，台灣林業不斷引進外來樹種，花了近1個世紀，才發現本土樹種的優勢，如何依台灣各地物候差異，選擇合適的樹種進行育林，顯然也需要重新檢討。

什麼是符合FSC規範的伐木作業？由於皆伐4公頃以上必需進行環評，所以目前申請的伐木區都在3公頃多。我們看到了伐木後會保留樹頭，依規範都是30公分以下，也盡量減少大規模的整地，新開闢的臨時作業道，

作業完也會再種樹，回復原狀，集材方式是靠鋼纜（索道）放到作業道。我們注意到林地有 3 株 15 米高的闊葉樹沒受砍伐，梁先生說明這 3 棵為牛樟，根據 FSC 規定，高保護價值的動植物需保留，所以沒砍，同時與原住民保留地的交界處，保留 5–10 公尺林木不伐除以示區別。同時，FSC 還要求必需跟當地的社區或部落合作，雇用當地原住民，希望可以提升當地經濟。

現場作業的伐採班 5–6 人，是當地泰雅族白蘭部落族人，撫育班也是 5–6 人，負責砍草、造林跟修枝，梁先生感歎人才斷層非常嚴重，即便森林系畢業的學生對於現場作業方式也很陌生。不過，由一群年輕人組成的「建築公社勞動合作社」，正積極參與了正昌的林地工作，他們是關注勞動、環境保護新價值的一代，或許，這些林業的新世代，會為台灣帶來另一種可能。

伐木結束後要重新造林，正昌的林地每公頃種植 3,000 棵小樹苗，接下來的砍草等撫育作業要花上 7–8 年，然後是修枝、疏伐。林業，真是一種需要高度勞力付出的辛苦工作。

勘查過程，我們看到了 3 個疑點：有一個區域坡度很陡，明顯超過不能作業的 35 度限制，但因為坡度是以整個林地的平均坡度來計算，所以沒有因地制宜進行保留；再者，伐區內有條季節性溪流，如果颱風豪大雨可能有沖蝕問，是否應該留保護帶？

另外，FSC 規定需要保留 1% 的天然林，正昌分別取

得 1.81 公頃、2.67 公頃的林地驗證，我們考察了那塊沒有林道，必須通過狹窄步道才能到達的小林地，現況是砍除五節芒，改種台灣杉，梁先生解釋說，這是因為申請獎勵造林，所以需要定期撫育，而結束後就會讓其自然演替，但這種經營方式與保留天然林有矛盾。

整體來說，正昌林業的經營，這和我過去考察過的林地，確實有較嚴謹的規範，應予肯定。同時，對比附近的露營區開發產生的嚴重地表裸露，人工林地的合理經營對水土的衝擊顯然小很多。而且上述問題，也並非完全是正昌的責任，就建構制度的觀點，政府應針對這些認證項

集材到卡車後，就準備運往山下製材廠。

攝影 @ 李根政

目，依台灣的環境條件去釐清，以避免發生爭議。正昌在申請認證的過程曾經尋求林務局的協助，但林務局竟連一個經營計畫書的參考藍本都沒有，再再說明了過去政府的怠惰。

正昌林地砍伐約 40 年生的柳杉，最大的直徑 40 幾公分，最小的 10 幾公分，由於沒有疏伐，所以大小不一，品質好的拿來做建材使用，差的拿來當棧板。1 公頃收穫的材積量約 400 ～ 500 立方公尺，而收購其他的林農大概是 1 公頃 200 多立方公尺，在價格方面，柳杉 1 立方公尺有 4,000 多元，福州杉因為短缺，已上漲至 6,000、7,000元。

梁先生說：認證公司覺得這麼小規模，且完全內銷，根本不需要申請認證。而且從通過認證以來，也僅有一件因有認證而完成交易，並沒有符合成本效益。原因在於台灣的建築業界、傢俱製造業、政府採購、消費者在木材使用上，鮮少人在意是否取得 FSC 認證。

從正昌的經驗，我們看到台灣有限的林業規模，和進口材相較未必有競爭力，加上員工年齡層偏高，林業技術嚴重斷層，都是很大的挑戰，而且其所承租的國有林，如何面對原住民傳統領域，更非正昌林業所能承擔處理的課題。

屏東永在林業

2017 年 4 月 25 日，我和楊國禎副教授應林務局之邀，

永在林業根據 FSC 的規範，伐木跡地在溪流兩側要留保護帶，將枝梢材堆成階梯式是為了水土保持。

楊國禎副教授走進林地勘查。

攝影 @ 李根政

參訪台灣第二家通過 FSC 森林認證的公司，位於恆春半島的永在林業。一路上，我和新任的林華慶林務局局長有許多深入的對話。然而，14 年前，同樣在恆春半島上，我們和林務局有過非常激烈的對抗，屏東林管處的一位公務員，在這天跟我提到當年他也在現場。

2001 年到 2002 年，我們揭露了屏東保力林場和滿洲鄉小路溪上游的伐木案，批評政府「全民造林運動」，是砍大樹、種小樹，嚴重破壞水土，連續 2 波的行動，讓林盛豐政務委員決定南下勘查，接著由行政院長游錫堃指示停止全民造林運動。

14 年後的這天，是恆春半島西半部最乾燥的季節，強烈的日照下，走在光禿禿的伐木現場，並不舒適。但這一

永在林業公司堆置在
工廠的木材。
攝影 @ 李根政

次我們並沒有表達「反對」的意見，只是提出一些關切事
項，因為這是蔡瑞鴻總經理——傳承自父親的租地造林，
第二代林事業主想要跨出的新步伐，目前已提供 10 幾位
青年工作機會。

　　永在林業整合了許多小林農，共經營了 900 多公頃的

林地，我們參訪的這個林地海拔約 400 多公尺，砍伐的是20 年老林主種的桉樹、耳莢相思樹、欖仁，還有自然生長的克蘭樹等等。依照 FSC 的的規定，坡度超過 35 度不能砍，小溪溝旁保留了 5 公尺的原生林帶，殘材採階梯式的堆置，減緩水土留失，接下來他們打算每公頃種植 3,000棵樹，設定了不同階段的木材利用目標，希望可以創造出經濟效益。這確實和我看到的許多皆伐林地有差異。

永在林業的木材用途，大徑木（24 公分以上），是旋切成薄片，做為貼皮出口到國外，這和正昌林業只供應內銷的定位不同，也和提升國產材自給率的政策有明顯的差異。不過，永在將小徑木攪碎成木屑，製成太空包，是全球目前唯一通過 FSC 認證的太空包，如果可以持續推廣，將有助於台灣養菇業的木屑原料供應，建立起可供驗證追蹤的管道，政府應該積極從制度面協助，減少養菇業對山林環境的衝擊。

永在申請通過的 26 公頃獎勵造林，是過去每公頃花了 46 萬補助造林伐採後的基地，一個失敗的造林地，最後變成了銀合歡林，經濟效益極低。如何避免重蹈覆轍，是很大的考驗。楊國禎副教授看了現場後，覺得屏春半島這一帶過於乾燥，土壤太過貧瘠，林木可能生長不好，對於在這裡營林的經濟效益持比較保留的看法。

正昌和永在這兩家通過認證的林場，是否是台灣邁向永續林業的起點？這還需要後續觀察，不過，從對話開始的林業政策，是個好的開始。

8 萬林農？台灣還有林產業嗎

70 年代，台灣砍伐原始森林的最高峰，林業的產值約在 50 億元左右，近年最新的統計則只剩下 2 億元，林業佔農業產值的百分比是「0%」（2016 年）。其中，伐木業的產值更只有約 3,000 萬元，但其生產成本約 3,100 萬元，集材和運費就占了一半的成本。

為何滿山的樹木，台灣卻無法生產木材？最大的原因正是人工林的生產成本高「利不及費」，品質和數量又難以滿足工業化的需求。

農委會官員喜歡講他們管轄的範圍是「農、林、漁、牧」，但事實上，台灣的林產業幾乎小到不算是個「產業」。

根據農委會 2015 年統計資料顯示，全台的林戶共有 87,192 戶，但其中 71,991 戶沒有任何林業銷售的紀錄，也就是說 8 成以上的林戶都已放棄了林業工作。

而有林業銷售紀錄的 15,201 戶中，有 1,248 戶是有領取政府的造林補助金，也就是說那一年真正有銷售紀錄的僅約 5,000 戶，而當中多數是從事林業副產品的銷售。如果看 2000 年以後的林農戶（非公營）統計，更會發現一個奇怪的趨勢，林產業已經萎縮到產值幾乎歸零，但林農人數卻是逆向增加，2000 年是 51,320 戶、2005 年增加到 68,200 戶，2010 年更增加到 83,035 戶。會有這個趨勢，正是因為參與政府獎勵造林，還有繼承分戶和所得增加，而且這些林戶 7 成以上是兼具農牧戶的身分。

表 10. 台灣林戶規模圖(2015)

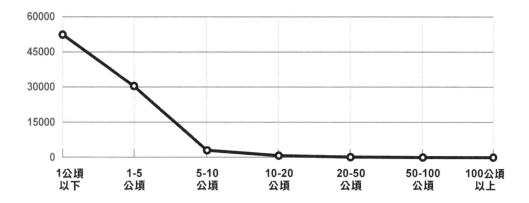

─○─ 林戶數量

表 11. 台灣林戶規模(分級)

面積（公頃）	林戶數量
1 公頃以下	52424
1-5 公頃	30531
5-10 公頃	3087
10~20 公頃	824
20~50 公頃	255
50~100 公頃	51
100 公頃以上	20
總計	87192

資料來源：中華民國統計
資訊網
表 3 林業家數按林地規模
分（2015）
來源網址 http://www.stat.
gov.tw/ct.

　　而在 8 萬多林戶經營的林地大都很小，1 公頃到 5 公頃的林戶占了 98.5％以上。而面積在 10 至 15 公頃之間有 824 戶，20 公頃以上 255 戶，50 公頃以上 51 戶，100 公頃以上則僅 20 戶（表 10、表 11）。

這樣的規模能否支持一個家庭的生計，或者形成一個產業？

我曾經詢問題正昌林業梁國興先生，台灣的林場規模要到多大，才有企業永續的可能？梁先生的答案，至少要1,000公頃，因為要養工班、林地管理、規費……等成本，要這樣的規模才能撐起來，但問題是台灣並沒有1,000公頃以上的私有林戶。

最大的原因是：台灣絕大部分的森林是國有林。梁先生說：現階段只有國有林才能取得穩定的料源。

日本的小說和電影《神去村》，描述了一位日本青年意外到了林場工作的故事，村裡的林業經過了數百年的傳承，至今仍在持續經營。現在台灣的大賣場甚至買得到FSC森林認證的日本檜木，然而國情真的差異很大，日本的私有林高達70％，台灣則不到2％。

如果我們要談振興台灣的林產業，就必需面對小林戶，無法大規模生產符合工業需求的木材的現實，而且，必須找出林業在台灣的特殊定位和價值。更需要討論的是國有經濟林，該採取什麼樣的經營主體和模式。

就人均擁有的森林面積，台灣是一個森林小國，山高陡峭地質脆弱更不可能允許大規模的商業伐木，那麼為什麼要自產木材？目標是什麼？

現實的挑戰是，國產材如何從幾近等於0的產業，成為「有利可圖」行業。或者，我們必需說服納稅人，發展台灣林業有其他的公共利益和價值，得動用補貼方式扶助。

林務局林華慶局長在
永在林業談國產材。
（2017.4.25）
攝影 @ 李根政

　　林務局的扶助策略是：大林農申請 FSC 認證的新林
業，政府補助一半的經費和一定額度的機具；推動小農整
合 30 公頃以上，組成生產合作社，林務局將輔導比照
FSC 的作業準則，撰寫經營計畫書，再請驗證公司進行第
三方查核，但由林農自行決定是否申請國際森林認證，同
時建立國產木製品產銷履歷、平台，鼓勵國人使用國產材。

　　同時，也將配合國土計畫上路後的分區規畫，林業比
照農業的堆疊式對地綠色環境補貼，例如在國土保安區的
林業，因為要符合高標準的友善環境條件，將會增加經營
成本，依會依不同條件進行補貼。

　　這些補貼有沒有道理？我的想法是：

　　面對林農向政府承租國有林的 10 萬公頃造林地，有
1 萬公頃超限利用，多年來，林務局耗費大量人力執行著
收回承租林地，但遭到很大阻力，更得透過漫長的法律訴

訟耗，而訴訟過程，墾植者仍然種植高麗菜等短期作物，獲取暴利，在土地隨時可能被收回的情況下，土地濫用的情況可能更加嚴重。

另一方面，林地的大量轉作，也與國產材不敵廉價進口材，林農生計困難有關。因而，2002 年農委會水土保持局公告了山坡地超限利用處理計畫，比照「獎勵造林實施要點」發放獎勵金，鼓勵農民造林，然而成效有限，因為獎勵金無法提供基本的生計，欠缺了經濟誘因。

2017 年第四次森林調查報告，全台林地轉為農作使用的違規面積，計 52,842 公頃，轉作以果樹最多，計有 23,996 公頃，主要分布於台中、台南及高雄；檳榔計有 19,721 公頃，則以南投、嘉義、花蓮最多。

回顧台灣的開拓過程，當前山地的這種狀態，可以視為漢人來台墾植，卻尚未建立起符合台灣特性的山地經營模式，法令和執法都存在嚴重缺陷或弊端。

除了加強管理之外，如果可以讓人工經濟林成為有利可圖的行業，從經濟誘因減少林地轉為農業使用，把永續性的人工林業，做為一個國土保安的策略，或許這是當代林業重要的價值，就值得動用人民的納稅錢去做補貼。二方面，如果台灣因為戰爭或貿易封鎖等因素，無法從國外進口木材，就可以使用這些備用材。

過去半世紀，台灣是以犧牲農林來指植工商，如果在淺山地區維持林產業是國家發展的必要政策，那麼，也需要以國家力量去扶植。期待台灣的經濟林政策，以完整的

永在林業林家鼎先生解說 FSC 認證的產品。
攝影 @ 李根政

土地和植被生態資料為基礎，建立與國際接軌的作業方式，透過森林認證，資訊公開以取信國人，擺脫大伐木時代留下的陰影，創造出符合國情永續的新林業。

小 檔 案

國際森林認證 (FSC)

我們日常消費的家俱、超耐磨木地板、紙張、飲料包、衛生紙等等，已經有一些跨國品牌開始使用 FSC 認證的木材和紙漿，商品上會有 FSC 的標誌，下次去商店購買跟木材或紙類有關的產品，就可以開始支持選購這些為負責任的商品。

但如果，你想要購買台灣經過 FSC 認證國產木材，則是非常稀有。

台灣這波推動林業和國際接軌的行動，這並非來自政府。2011 年成立的台灣森林認證發展協會，是由李俊彥、劉炯錫等關注永續林業的學者及業界所發起成立，透過他們的輔導，台灣開始有了 FSC 認證的林地。

1992 年，聯合國在巴西里約的地球高峰會中通過了森林原則（Forest Principle），這是為遏阻全球森林破壞以及永續性的森林經營提出的對策。1993 年，一些企業代表、社會團體及環境組織在加拿大多倫多集會，通過成立 FSC（Forest Stewardship Council）國際森林管理委員會的決議。這是一個非政府組織，成立目的就是確保木材及相關製品的整個生產，符合環境永續，社會公平和經濟效益，目前有 800 位會員分佈在 70 多個國家，已驗證 1 億 9 千多萬公頃林地（約 53 個台灣大小），分布於 82 個國家共 1,507 張 FM/COC 證書，台灣目前僅 5 張

共 1,144 公頃；120 個國家共 31,273 COC 證書，台灣 299 張（註 3）。

FSC 目前的運作方式是，森林管理委員會制定了 10 個原則、70 項準則，197 個指標，然後授權給第三方認證組織驗證，讓森林的經營者獲得國際認可，消費者信任這些產品，擴大認證的林地。

FSC 認證的 10 個原則，除必須符合環境永續、水土保持、不應將原始林變為人工林，還納入男女勞工同工同酬、原住民參與、回饋社區等，要求和周遭環境和諧相處。以下是這 10 項原則（註 4）：

1. 遵從當地法律及 FSC 原則。

2. 對土地及森林資源的長期所有權和使用權應明確界定、建檔。

3. 尊重原住居民擁有、使用和經營他們的土地、領地及資源的法定權利及傳統權利。

4. 維護或提高森林勞動者和當地社區的長期社會利益及經濟利益。

5. 鼓勵有效利用森林的多種產品和服務，以確保森林的經濟和社會環境效益。林產品的採伐率不得超過長期可以持利用所允許的水準。

6. 保護生物多樣性及其相關的價值，如水資源、土壤以及獨特和脆弱的生態系統與景觀價值，並以此來保持森林的生態功能及其完整性。

7. 制度和執行與森林經營規模和強度相適應的森林經營計畫。

8. 按照森林經營的規模和強度進行監測，以評估森林狀況、林產品產量、產銷監管鏈、經營活動及其社會與環境影響。

9. 維護高保育價值森林。

10. 按照原則及標準 1–9 和原則 10 及其標準來規畫和經營人工林。

依據這 10 項原則，FSC 發展出 2 項驗證。

森林經營管理驗證（Forest Management，FM），由森林經營者進

行申請，證明其林地的森林管理及木材生產符合 FSC 認可的管理原則。FM 主要是檢察森林管理方案及實際運作情況，林業機構須證明其經營模式在經濟及管理層面上均可長久實施，並接受定期的監督考核。

產銷監管鏈驗證（Chain of Custody，CoC）則是一個追蹤系統，從林地生產的材料，到加工製作為產品銷售的廠商進行驗證，以確保該林木產品的原料是來自經過驗證的森林，從砍伐、運送到加工製造都沒有被混入其他來路不明的木料。

驗證系統得以發展，主要仰賴消費者選購有認證標章的產品，透過消費力量來監督廠商使用的木料來源，藉由廠商對木料來源的關注，督促森林經營者以永續方式經營森林。這樣的方式若取得多數消費者的認同與支持，將鼓勵更多森林經營者以永續的方式經營森林（註 5）。

國際的保育潮流，唯有透過咀嚼消化在地化才有真切的價值，FSC 森林認證是一個新林業的好方向，但如何和台灣土地和社會接軌是接下來的課題。

註 1：呂苡榕，2016。〈為什麼山上種滿了樹，市場上卻找不到「台灣木材」？〉，端傳媒。

註 2：杉木是隨著漢人引進栽植，曾經是低海拔山區重要的造林樹種，是傳統建築中重要的樑柱原料，隨著用途的衰退，逐漸被其他作物取代，又稱福州杉。（楊國禎，2004。http://e-info.org.tw/topic/plant/2004/pl04082501.htm）

註 3：有關 FSC 的進一步資訊，可參考台灣森林認證發展協會網站：http://www.tfcda.org.tw/。該會的宗旨在於推廣台灣永續林業經營，希望能降低非法砍伐林木的進口、增加森林碳吸存，增益於人類社會及維持生態穩定。本文的數據來自李俊彥博士，2017 年在地球公民基金會演講的簡報。

註 4：這 10 項原則的中文翻譯引用自正昌製材有限公司的簡報資料。

註 5：潘怡庭，2012。森林認證與山林保育，〈台灣該怎麼做〉，地球公民通訊第 25 期。

第十章
莫拉克風災與公共工程

2009 年 88 災後，我勘查過曾文水庫上游的大埔溪、高屏溪上游的楠梓仙溪，也到了林邊溪潰堤處，高屏溪的出海口。河川的上游到處都是令人觸目驚心的大面積崩塌，中游和下游則是難以計數的漂流木。

在強烈的衝擊下，我寫下這篇悼念文：

百萬年來，我族在這個島嶼生存、繁衍、蛻變、再生，根系緊緊交纏，身軀與枝葉相依相偎或巧妙互補，既競爭又合作。

我們奮力向地紮根，向天仰首，分分秒秒、時時刻刻，吸收轉化、釋放生命的能量，並與廣大無邊的生靈共享共存。

然而，百年來遭文明人之刀斧幾近滅族，倖存者僅在少數陡峭的山頂、溪谷；子孫在墾地的邊緣、廢耕的土地上苟延殘喘。

名曰莫拉克的它，連著 3 天 3 夜狂風暴雨，令我們緊緊交纏的根系四散，在倒下之際亦離開了我土，身軀在無堅不摧的土石泥流中滾動著，卸除了枝葉、手足、剝去皮膚，魂魄消散。

莫拉克風災過後,林
邊溪潰堤,堤旁道路
堆滿了飄流木,長達
數公里。

攝影 @ 傅志男

3 天 3 夜後,風雨停歇,千千萬萬的枯骨橫陳,躺在
人類的街道或者住家、河床、新生的河道、田野,甚至遙
遠的大海。

我們昔日身形已不可辨,妳的手臂靠在我的身軀上,
我的身軀又交疊著不曾謀面的族人們,凌亂地在無聲的烈
日、黃昏、星空下。

小林村滅村，到底是
天災還是人禍？圖為
莫拉克之後，小林村
遺址，後方即為獻肚
山。

攝影 @ 李根政

　　人類叫我們是「漂流木」。沒有個別的身分證，描述
傷亡的用語是：農田漂流木 46.7 萬噸、水庫漂流木 1.14
萬噸、河川……萬噸。在他們眼中，我們並非什麼生命。
〈悼八八風災樹木亡靈〉，李根政，2009。

誰是山林破壞者？

　　為什麼山林如此脆弱？是台灣環境條件本來如此？或
是誰的錯？

　　常聽到的簡化理由是：台灣人的貪婪。但我認為這是

無法解決問題的致命邏輯，因為並不是每個人擁有的權力、耗用的資源、造成的破壞，或者要負的責任都一樣。

在災後的近 1 個月間，原住民部落遷村，讓山林休養生息，似乎形成了社會主流的輿論，重量級慈善組織也在安置區要受災的原住民簽下意願書，承諾在取得永久屋的同時，不得再回原居地，爾後修正為「不得從事破壞水土之行為」等，這隱含「原住民是山林破壞者」的指涉。

雖然，山區原住民族的農業活動不能排除山林破壞、造成水土流失的問題。但是，相較於漢人來台 400 年間，把平地野生動植物趕盡殺絕，從事精密農耕，發展工業污染河川、土壤，全面摧毀原始森林所造成的破壞，實在是天差地別。這本書的前半部正是用鳥瞰的大數據，指證這個歷史，反駁這類簡化的邏輯。

如果真要問誰的錯，我的觀點是：政府是最大的山林破壞者，而且是透過制度、公權力進行有系統的破壞。政府要先認錯，檢討大伐木時代以來的山林政策，首要釐清造成今日土石橫流的歷史因素，改變人定勝天的工程思維，向原住民傳統生存智慧學習，以及提出真正的國土復育政策。

山崩、土石流的歷史因素

莫拉克颱風導致的慘重災情，國人將之比擬為 50 年（1959）前之 87 水災。然而，勿忘 2、30 年來日益加劇的洪水災難，1989 年東台灣的銅門災變、1990 年紅葉災變，

開啟台灣山區災變惡化之警訊。1996年賀伯災變後,大災變的頻率更快速增加,2000年象神、2001年8月桃芝、9月納莉、2004年敏督利、2005年海棠、2008年辛樂克,每一次都造成山區土石流、沿海淹水。

陳玉峯教授是研究台灣植被生態的學者,數十年不斷的著書論述,宣揚台灣地體的穩定與森林植物的存在息息相關,批判各種山林大開發,簡要解讀如下:如果沒有森林植物,台灣島將會是一座座如金字塔般的「安息角山」——角度平緩穩定不會崩塌的山體。但因為大約150萬年來歷經數次冰河時期,森林生態系引渡到台灣,樹木的根系穩定了山體,讓一座座的山處於既陡峭又動態的穩定狀態,並創造了生態岐異多樣。但這樣的山也累積了更大不安定的勢能,一旦道路開闢挖掉了山體的基腳,森林被砍伐,加上後續不當的土地利用,就造成了土石橫流的局面(註1)。

1990年台東的銅門村、紅葉村陸續發生嚴重的土石流災難,陳玉峯教授(1992)曾經推演了紅葉村災變的形成機制。主因是紅葉溪上游的森林砍伐,不斷的翻地,導致山體不斷崩塌,而政府又在河道興建了攔砂壩,使得河床填高、河道填滿了土石。一經颱風暴雨就好像啟動了板機,土石流便傾洩而下,形成嚴重災情。

然而,大部分學術上的討論,至今仍然忽略了大伐木時代這個歷史因素,對於山地崩塌、土石流的影響。

在本書寫作進入收尾階段,同事傳來了1篇台灣學者

莫拉克颱風前，曾文越域引水工程，在荖濃溪──勤和附近的東口。

颱風後，這項工程深埋在荖濃溪河床下數十公尺深的砂石之中，水利署的官方說法是不放棄這工程，但荖濃溪上游估計還有數億立方公尺的土石，會在每次豪雨是傾洩而下，復工日期根本是遙遙無期。

（2009.2.6地球公民冬令營）
攝影 @ 傅志男

最新發表在國外期刊以英文寫作的論文，指出了原始森林砍伐是造成山崩災害的歷史因素。

逢甲都計與空間資訊系莊永忠副教授，研究石門水庫集水區，大漢河上游面積 7 萬 5,924 公頃的土地利用變遷。比對了幾份歷史航照，包括了 1946 年的美軍航照，1971 年的 CORONA 衛星圖像，2001 年，2004 年和 2012 年的正射影像。綜合分析的結果是：1946 年和 1971 年的伐木事業（包括皆伐、擇伐）與當時往後的山崩土石流有顯著的統計相關，而且在這 60 多年來，山崩的頻率和規模大幅上升。

莊教授的團隊還採訪了 37 位這區域的泰雅族原住民，他們表示：**在原始森林砍伐後，由於樹頭根部還在，所以邊坡仍然穩定，但幾年或幾十年之後，即使復育為次生林，但原始森林的相互連接的根系已經腐爛，在遭受強降雨或颱風時，往往會變得很不穩定，導致頻繁的山崩。**

也就是說：砍伐原始森林影響了長達半個世紀之後的邊坡穩定，而且無論是否已經恢復了林地覆蓋，伐木跡地都會繼續造成崩塌。

另外，人為的活動中，開闢道路對於山崩的影響最大，後來土地利用的模式，則和崩塌的相關性不強。（註2）

人定勝天的公共建設

2009 年初，地球公民協會辦理一個尋訪水之源的營隊，從高雄出發一路從美濃到六龜、寶來、勤和，到了玉

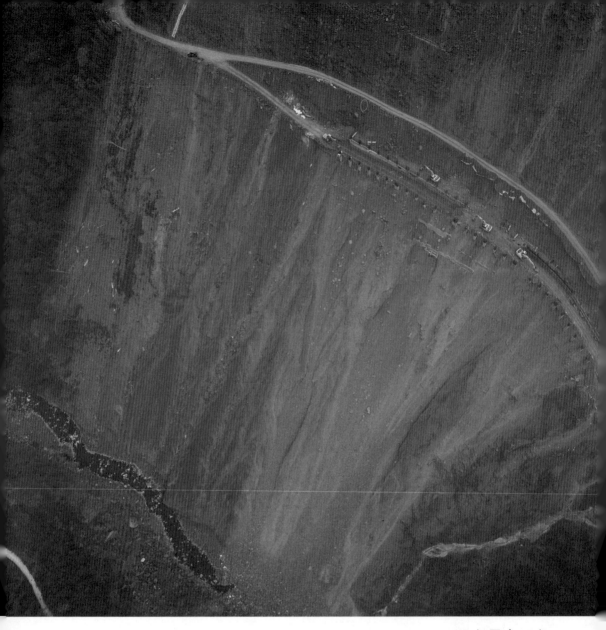

山國家公園的梅山口、中之關古道和天池。沒想到幾個月後，莫拉克颱風來襲，翻天覆地的改變了高屏溪流域。至今，我們再也沒有回到那令人懷念的檜谷、中之關古道、

2009 年至今，9 年過去了，南橫公路還未能修復。圖為南橫西段梅山口附近的崩塌地工程。（2017.10.12）
攝影 @ 傅志男

天池，南橫公路的多個崩塌區，工程整治困難，無法通車。

　　而爭議很大的「曾文越域引水工程」，是打算把荖濃溪水鑿穿玉山山脈，跨越楠梓仙溪，再鑿穿阿里山山脈的引水工程。其位於勤和的東口，也於 88 風災後，深埋在荖濃溪河床下數十公尺深的砂石之中。水利署的官方說法是不放棄這工程，但荖濃溪上游估計還有數億立方公尺的土石，會在每次豪雨是傾洩而下，復工日期根本是遙遙無期。

　　交通部觀光局「國家風景區」常常花大錢建設各種如空中樓閣的景觀建設，莫拉克來襲，茂林國家風景區管理所為土石流所沖毀；阿里山觀光設施、BOT 案同樣難敵土石之災；921 地震後在草嶺潭推出的「災難觀光」週期又是何其短暫？

　　整體而言，面對龐大崩塌土石、鬆動之地體，試圖用水泥工程與之對抗、圍堵之策略，過去已實施數十年，可是土石流未曾稍減，反而愈形擴大，為什麼還可容許這樣的工程繼續進行？

治山防災是永續錢坑

　　比對國府治台期間，大伐木時代和政府在山區投入的「治山防災」，可以看到一個時間順序。1970 年代是史上伐木最高峰，1980 年代後，治山防災的經費開始大幅增加，2000 年之後則飆高到 4、5 倍，且不斷用編列特別預算因應。這個數十年的時間差，會不會就是原始森林砍伐之

上、右：面對崩塌、
土石流，政府慣行作
法是水泥上山。如果

後，根系腐爛的時間？

如果台灣治山防災的思維，沒有考慮到原始森林歷史因素，又如何對證下藥？

「說起來也是偶然，自從民國61年1月我第一次孤身走過大武山以來，我就對那條道路（無論是叫做林道或產業道路）修築時的破壞面，感到「怵目驚心」。卡車倒下一堆堆的砂石，眼前一片礫石滾滾，灌木稀疏，由山頂到谷底，淨是一片糜爛。

3、40度到5、60度的崩崖陡坡一任怪手翻掘鏟削，推落溪底；邊坡無排水、無覆蓋，一任石土裸露鬆動，傾瀉不斷；整個山坡上下，活像一片火焰山。」

這是摘錄自李剛《悲泣的森林》書中〈泰武所見──從政府投資四百五十億治山防洪說起〉的章節，描述著林

這樣的作法真的有用，為什麼工程費用一再加碼？
上、右攝影 @ 李根政

務單位可能是覬覦大武山裡的原始林，尚有珍貴的巨大檜木，正在進行的林道拓寬和開闢。

這本書出版於 1988 年，那一年李剛先生從報紙上看到政府將投入 450 億元，推動 6 項治山防災保土計畫。包括了河堤、海堤 150 億，造林與林相改良 5 年計畫 93.7 億，西部河川上游整治 29.8 億，花東和宜蘭的河川上游治理 79.2 億，都市城鎮邊緣山坡地和中小型水庫集水區整治 45 億等（註 3）。

這個時刻，台灣伐木事業正從最高峰要下滑到谷底，但此時，治山防災預算正在節節升高。

台灣早期的治山防災是伴隨著伐木事業，由林務局編列預算。1959 年 8 月 7 日水災，造成台灣中南部嚴重災情，台灣省政府成立「山地農牧資源開發計畫委員會」，隨後在 1961 年在農林廳下成立了「山地農牧局」，1979 年則改隸屬於中央政府農委會水土保持局。林務局和水保局就是執行最多治山防災預算的單位。另外，由於水庫集水區及河川中下游的土石災害和水患日益嚴重，水利署這部分的預算也大幅成長；還有交通部與地方政府也都花了很多錢在做山區的道路整修工程，這些都可以視為整體的治山防災預算。

那是個我沒有機會見證的時代，直到 921 地震（1999）後，民進黨政府開始推動「生態工法」的整治工程。我曾經和張豐年醫師一起考察過許多的案場，當年工程單位用鋼筋、不織布和沙包，在崩塌的山坡地上種草，聲稱這是

1999 年 921 地震後，民進黨政府在公共工程委員會主導下，開始以所謂的「生態工法」進行山地整治。雖然水泥用量減少了，但還是沒有解決工程浮濫，效益不彰的問題。

攝影 @ 李根政

有別於水泥硬工法的生態工程。但事實上，許多工程所在地並沒有社區、聚落等要保護的對象，根本沒有必要施作。另外，這些工程能發揮多少水土保持的功能，也是一大問號。

但是，當年許多的工程都用「生態工法」包裝，以獲得其正當性。2002 年 4 月，我參與林務局東勢處 129 林班坡地整治工程的會勘，結果發現原本崩塌的坡面，天然的植物已經穩定的拓展。然而林務局卻發包讓包商砍除現有

植被，再種外來草種，說這是邊坡的穩定工程。

在民間團體表達異議之後，林務局東勢處坦承未充分了解現場，設計上的確有瑕疵。不過東勢處呂處長表示，這個工程已發包，和包商有契約關係，如果不做，會受處分。東勢處同意做局部的變更設計，僅在上面崩塌處施工，現有植被不動，希望能讓工程繼續進行。行政院公共工程委員會代表則表示支持進行邊坡整治，希望能使居民免於恐懼，避免經濟動脈受到影響，其立論是：這個地方花再多錢也許真的都沒用，但是至少維持住不要發生危害（註4）。

129 林班地的邊坡穩定工程，僅是各種災後復健工程的冰山一角。我們看不到符合現況的工程設計，也沒有明確的效益評估，明知道做下去可能是浪費國家資源，僅能獲表面或極短期的效益，但還是希望工程繼續進行。

山坡地的工程，似乎成為少數人發國土災難財，將納稅人的錢，一次又一次轉帳到私人的口袋，即使政黨輪替也無法扭轉。

石門水庫上游，為了在匹亞溪蓋攔砂壩所開闢的道路。
攝影 @ 李根政

從常態預算，變成天文數字的特別預算

長期以來，治山防災都是編列常態預算，形式上可以受到立法院監督。但是，2005 年民進黨推出 8 年 800 億元治水特別預算，在選前被在野的國民黨視為綁樁工具而遲遲不肯通過。然而，在國民黨大獲全勝之後，治水特別預算竟強力加碼至 1,410 億，包括了「水患治理特別條例」，

8 年共 1,160 億元；以及「石門水庫及其集水區整治特別條例」，經費 250 億元。當年，立委席次即將減半，加上單一選區兩票制的衝擊下，許多立委極可能不會再當選，或著極須工程款綁樁，以增加當選率，社會上普遍認為這是立委在僅剩的任期大撈一筆。

其中最為恐怖的是，幾乎全台每條河川的上游都有一堆水土保持工程，總計長達 1,600 多公里。更糟的是，立法院朝野協商竟然明定 2 年內進行的工程免環評，後來引發各界爭議，才刪除了免環評條款。

從此之後，中央政府開始以「特別預算」的名義，編列天文數字的治水預算。做為一個公民，應該關切這些錢是怎麼花的。

2007 年 7 月 5 日，我和伙伴勘查了石門水庫上游數處治水工程。高義橋下游去年剛完工的攔河壩，今年已幾乎全淤滿；蘇樂橋上游今年剛完工的攔砂壩，僅剩 1、2 座仍有少許攔砂空間，其他全數淤滿，這些看似高大的水泥牆，粗暴的插入河床，但其攔砂功能竟僅能抵擋一次之大雨土石流。再者，施工單位為了興築攔砂壩，得先行開闢施工便道，結果造成邊坡裸露，水土流失，滾滾濁流順流而下，肯定會往下漂移，造成水庫淤積；而為求攔砂壩基座穩固，壩體須深入山壁數公尺，結果破壞了原本穩定之坡角，反而造成河川兩岸山壁新的崩塌，這些工程所作所為恰與治水目標相違。據了解，單是石門水庫上游這類的工程已發包 50 多件，未來還有 100 多件即將在明年度發

高義橋下剛完工的欄
砂壩不到1年即淤滿。
攝影 @ 李根政

包。

　　誠如一位現場工程人員所說誠實話語：「所有的工程
設計都和現場有落差，我做這些工程已經 20 冬，攏總無
效啦，完全是浪費納稅人的錢。」試想，第一線工程人員
皆知無效的工程，還要繼續搞下去，實在悲哀。

　　另外，在淺山地區的河川整治工程，把許多生態豐
富，環境保全效果極佳的天然溪流，用水泥、砂石改造為
排水溝，更是屢見不鮮。

　　長期在雲林斗六台地進行生態調查的陳清圳校長，曾

蘇樂橋上游的攔砂壩
耗資數億，完工日即
告「功成身退」。

攝影 @ 李根政

經訪調阿里山事業區第 61 到 73 林班地，林務局和水保局
的整治案，居民期待整治的理由千奇百怪：希望產業道路
水泥化、部分竹林地有些坍塌、為了方便到林地去造林、
進去果園可以縮短距離等。有一個案例是陳校長長期監控
的在 66 林班地，原來的溪流林蔭非常茂密，自然狀況很
好，但在 2005 年的工程開挖後，旁邊的邊坡被切除，開
始有滑落的現象。2006 年再整治一次，在年底又發現坍
塌，於是 2007 又整治一次。我問當地居民，此地整治原
因為何？居民說：如果開一條路過去，以後到他的果園可

以縮短 200 公尺的距離（註 5）。

原本林蔭茂盛、生態豐富的溪流，就這樣一條又一條變成了水泥溝，這樣的治水惡政，除了作為地方政治人物綁樁、固樁的工具，有多少必要性或公益性？

2009 年莫拉克颱風後，國民黨政府又通過了「曾文南

上、右：陳清圳校長監測的天然溪流林蔭非常茂密，自然狀況很好，但在 2005年的工程開挖導致後續多次整治。

上、右攝影 @ 陳清圳

化烏山頭水庫治理及穩定南部地區供水特別條例」。這些特別條例最具爭議的是水源地「水土保持」、「攔砂壩」、「野溪整治」工程，台灣的天然河川不斷被改造為水泥溝渠，完全失去生態功能，工程單位只是想把砂石留在山上，水流快速引導到平地，然後出海。

2017年，民進黨通過了前瞻基礎建設計畫，又納入了「水環境」的治理項目，民間不斷呼籲應以改善河川水質為重，不應再做河岸工程，但還是啟動了新一波野溪整治，又把破壞許多天然溪流，改造成三面光的水泥溝。

整體而言，面對龐大崩塌土石、鬆動之地體，試圖用水泥工程與之對抗、圍堵之策略，過去已實施數十年，可是土石流未曾稍減，反而愈形擴大，為什麼還可容許這樣

1980 年才建立的新
好茶在 2 次颱風、土
石流下，已經在隘寮
溪的河床下。魯凱族
人被迫 2 度遷村。

攝影 @ 李根政

的工程繼續進行？

　　在平原地區的治水，則不外乎比照台北城加高堤防的
圍城策略。然而，堤防不可能無限加高，抽水機也無法無
限量排水，最糟糕的是治水工程，極容易造成居民假象之
安全感，結果導致人口往潛在災區集中，工程保護程度愈
高，洪災代價愈大。圍城策略確實可以短暫討好人民，但

只是將災難延後、擴大而已。

原住民遷村的傳統智慧

88 風災後，有一次興隆淨寺的住持心淳師父邀我陪同小林村的倖村者，向高雄縣楊秋興縣長陳情，討論小林村遷村課題。令我印象深刻的是一位潘先生，在回應小林為何滅村時，劈頭便說是 1973–1983 年間獻肚山原始森林被全面砍伐，把最能保護水土、長在峭壁上的台灣櫸木砍光，而且連樹頭都挖起來。同樣的指控，也出現在我參在的一場關切原住民災後重建的記者會，屏東達瓦達部落、霧台佳暮村的朋友，痛陳著 6、70 年代不斷的森林砍伐才是重創部落的元凶。

事實上，災後關於小林滅村、原住民部落重創的原因，眾說紛云。政府機關、學者專家都提出了一些論證和說法。但原始森林砍伐的歷史因素一直被忽視。

氣候變遷、降雨極端化，使得山崩、土石流成為新常態。最因難也是迫切的問題是：如何幫助岌岌可危的原住民族，延續族群的生命和文化？百年來陸續移墾山區的漢人聚落何去何從？

莫拉克災後，立法院迅速通過重建條例，行政院急著要興建永久屋，社會在短時間內投注大量資源到災區，已經身心受創的災民，被迫必須在短期利益，或者部落、社區長遠發展的矛盾中選擇。當時，許多災民和關注重建的團體，不斷重申興建「中繼屋」讓災民有緩衝討論的空間，

600 年前形成的舊好茶 部 落，2016 被 WMF 納入世界遺跡守護保存名單，至今安然無恙。
攝影 @ 李根政

但可惜的是，政府的政策還是急於一次到位。

　　關於原住民的聚落安全，新、舊好茶的案例值得好好想想。

　　1980 年，世居在大武山區的好茶舊社，被政府以「山地現代化」等理由，被遷村到隘寮南溪的一處河階台地，成為了新好茶村。當年部落耆老警告說，這裡是隘寮南溪

的行水區，每逢雨季，必遭洪水和土石肆虐，但不被理會。1993 年，水利署預計動工興建瑪家水庫，預定地位於南北隘寮溪交會處，一旦興建，魯凱族人又得從新好茶遷村。

台邦‧撒沙勒是反瑪家水庫的魯凱青年，曾經被屏東地方法院以違反集會遊行法為由判處拘役 50 天得易科罰金，這個事件凝聚了更大的反水庫力量。

當時，我剛從金門移居高雄，跟著前輩參與學習反對瑪家水庫、美濃水庫運動，藉此也認識了解南方的人文生態。台邦‧撒沙勒的婚禮在新好茶村舉行，我還記得新郎和新娘穿著華麗的傳統服飾，頭頂插著百合花，是那樣的純潔繽紛美麗。至今，新好茶村裡深灰色石板屋、百步蛇圖藤、牆上彩繪舊好茶的畫，還是銘印在我的腦海。

但是，這個部落新址持續受到了土石流威脅。1996 年，新好茶有 4 位村民被賀伯颱風後的土石流活埋；2007 年，部落約有四分之一受到後方土石流淹沒，2009 年，莫拉克颱風災則造成隘寮南溪衝刷而下的土石將全村淹沒，幸而及時撤離沒有人傷亡。

回顧這過程，我們得慶幸當年的反水庫運動成功，不然一旦水庫崩壞，對下游的威脅就更加難以想像。

而失去家園的新好茶部落，別無選擇的只好遷村。他們再往下游遷徙，來到了隘寮南溪的出山口，中央山脈南端的山腳下禮納里，更加遠離了舊好茶──祖先的山林土地。好茶部落的例子告訴我們：原住民部落要維持傳統和

山林土地緊密連結的生活方式，正受到無比艱難的挑戰。

而舊好茶呢？20 多年前，我和柴山會的友人曾從新好茶一路走到舊好茶，魯凱的史官邱金士先生還開著玩笑說，歡迎我和怡賢到此長住，他可以幫忙蓋石板屋。88 風災的前 1 年，和伙伴們重遊舊好茶，連續幾次颱風侵襲下，沿線的許多地景和步道已崩塌到難以辨識，若不是官姊和小獵人帶領，根本難以到達，但是，這座 600 年前形成的舊好茶部落，至今還是安然無恙。

原住民先祖們，選擇聚落的傳統智慧，是否被重新學習和正視？

減少不必要的工程，才是山林復育

從 1951 年到 2016 年，台灣林業的總產值為 1,223 億，伐木最高峰時期每年的產值約在 40–50 億元左右。而數 10 年來，為了收拾崩山壞水，付出了多少金錢搞治山防災和水患治理工程？

我們嘗試彙整 1950 年代開始林務局的早期計畫，水保局近 40 年的工程經費，以及水患治理特別預算和林務局常務預算中，有關治山防洪的經費，在不計入平原地區的治水和河海堤經費下，單是統計山區裡的治山防災經費，就超過 1,600 億元。

2014 到 2019 年，政府又以流域綜合治理計畫，6 年編列 660 億元特別預算；2017 年的前瞻基礎建設條例中的水環境建設，又編列了 8 年共 2,507.73 億元特別預算。這

些都是從納稅人辛苦所繳的稅收支應。

　　從這些數字，我們可以說：百年伐木事業在經濟上是完全的賠本生意。更大的問題是，這些治山防災工程有沒有發揮預期的效果？或者適得其反，成了看不到盡頭的永續工程。

　　台灣地質脆弱、山高水急，即使有森林也不能完全避免災難，更何況失去森林加上極端氣候。巨額的治山防災費用，意味著山地開發付出的成本極高，這是在山坡地利用上無可迴避的課題。

　　我認為：**檢討不必要的工程，就是國土復育最關鍵的一步，動輒百億千億的工程費應該用來推動真正的國土復育。**

　　在極端氣候推波助瀾下，未來的山區環境災難必定有增無減。因此，不論是救災、緊急安置、災區重建、遷村都必需具有超越個案之通盤考量，從基本的環境調查，氣候模擬，評估未來災難的尺度、難民數量、安置區域，進行山區土地的分類重畫。

註 1：參考自陳玉峯、張豐年，2002。《21 世紀台灣主流的土石流》，前衛出版社。以及陳玉峯相關論著。

註 2：Yung-Chung Chuang（莊永忠）and Yi-Shiang Shiu（徐逸祥），2017. Relationship between landslides and mountain development—integrating geospatial statistics and a new long-term database, Science of The Total Environment, Vol. 622-623, pp.1265-1276

註 3：李剛，1988。《悲泣的森林》。

註 4：李根政，2002。〈明知無用的工程，還要砸 2200 萬做試驗？〉，自由時報投書。

註 5：陳清圳，2008。〈給自然一個喘息的機會，雲林野溪整治實錄〉，地球公民通訊第 2 期。

第四部：
重生
——山林復育之夢

相對於政府錯誤的造林政策，浪擲千億的工程整治，
花大錢的重建條例，推不動的國土復育政策。
台灣民間社會，不分族群的台灣人，正打破了傳統「種樹」的框架，
嘗試從生態學、在地知識出發，重新向大自然學習。
以個人或家族有限之力復育山林，
試圖尋找百年山林破壞後的救償之道。
如果你關心山林，想要有所行動，
以下的脈絡梳理和案例值得您參考。

攝影 @ 傅志男

第十一章
生態學家和獵人的森林

　　人們透過植樹想要重造一片森林，如果只是種植單一樹種，或者幾種具有高市場價值的樹木，這和林務局過去建造經濟利用的人工林的方法類似，即使在山上種滿了樹，也並非生態復育。魯凱族人宋文丞、宋文生（Sula）一家在屏東霧台達巴里蘭；陳玉峯教授和興隆淨寺在天乙山所從事的森林復育，目標是朝向恢復台灣生物多樣的原生林，我認為這才是真正的生態復育。

魯凱族：達巴里蘭的保育區

　　88 災後，筆者展開了新的學習行旅。2009 年 12 月 28 至 29 日，地球公民協會、公視紀錄觀點團隊以及黃淑梅導演等人，在宋文丞、宋文生（Sula）父子帶領下，前往屏東霧台的達巴里蘭。

　　達巴里蘭位於霧台鄉新佳暮村東北方約 1 公里左右（直線距離），地處在大母母山系之戶亞羅山腰，海拔約 800 公尺，該區內北隘寮溪支流上之雙層大瀑布，魯凱族人稱之達巴里蘭，是瀑布，也是彩虹之意，如今亦泛指該

宋文丞（左）、宋文生（右）父子及家人成立了「保育區」，試圖用家族的力量，復育森林，營造一個族群文化與生態智慧傳承的基地。

攝影 @ 李根政

區域為達巴里蘭。

　　達巴里蘭原為霧台魯凱族人的傳統獵區，後因人口擴張而逐漸成為耕地，為好茶系的霧台、神山、佳暮等部落的生產基地，同時亦為荷蘭時期躲避天花，日據抗日的根據地。在此，神山部落的宋文丞、宋文生父子及家人成立了「保育區」，試圖用家族的力量，營造一個族群文化與生態智慧傳承的基地。

　　宋家在達巴里蘭的保育區約 50 公頃，有一部分原是家族的耕作區，部分是還我土地運動後增編的保留地，原就是森林區；另一部分則是向族人所購土地。從 1997 年

88 風災重創屏東霧台，宋家所居住的佳暮村，有多戶民宅遭土石掩埋，往神山的聯絡橋梁斷裂，對外聯絡道路也完全中斷。

攝影 @ 李根政

開始，宋家開始有意識地將耕作區恢復為森林，一方面保留了自然生長的樹木，例如山黃麻、相思樹、楓香、無患子、青剛櫟、台灣欒樹、山菜豆等；二方面在林間空隙補植原生樹種，這些樹種都是自行培育的苗木，如樟樹、欅木等，今年則已完成黃連木的採種，準備育苗。植樹之後，必須花幾年的時間除去蔓澤蘭、香澤蘭等強勢外來植物，確保苗木存活成長。

　　宋家的造林工作在鄉公所的「特別通融」下，得以向政府申請全民造林獎勵金。因為林務局規定 1 公頃需種植 2,000 棵的指定樹種，且存活率需達 70％以上，否則無法領取獎勵金，導致非得先把原有樹木植被全面砍除才行。但宋先生的育林觀念是：每種樹木、植物的開花結果期都不同，如果只有單一物種，也只在特定的季節開花結果，那麼動物在這裡找不到食物，就會挨餓離開；反之，如果

通往達巴里蘭的道
路，在 88 風災後嚴
重崩塌。宋家父子得
靠步行才能前往復育
區。

攝影 @ 李根政

在進入復育區之前，
原為面積約 7、8 分
的森林，2009 年以
3,000 元 賣 給 伐 木
商，宋文丞擔心將產
生新的崩塌。

攝影 @ 李根政

森林中有多樣的物種，動物們在每個季節、每個月份都可以享用各種果實，這才是好的森林。簡而言之，宋先生心中理想的森林，就是保有多樣生物的天然林。

88災後，達巴里蘭幾乎是絲毫未損，還是生機盎然。冬日裡，濃綠的闊葉樹與落得剩枯枝的欅木，還有無患子的金黃葉，鑲嵌成一幅色彩紋理繽紛的圖畫，這才是真正的台灣森林！

至今，宋文生和家人已經透過購地、生態造林，守護了近100公頃森林，而且策略性的阻絕伐木道路，即使經濟條件很艱難仍舊持續。

天乙山的山林大夢

2009年12月8日，我們一行人從災後的那瑪夏下山，回程中順道前往甲仙的天乙山，探訪10年前的山林復育大夢的實踐基地。

天乙山是高雄左營興隆淨寺從1984年3月迄1996年8月所購約20公頃的山坡地，其地位於甲仙東南，甲仙埔山（407.8公尺）之北，為平緩淺山坡地，「天乙山」為該寺紀念其前任住持而命名。

1981年，心淳師父繼任興隆淨寺住持，因思「國土淨則眾生淨，國土淨則心淨」，更思有一崇尚自然的天然道場（心淳法師，1998），萌生山林復育之夢。1997年，心淳師父碰上了陳玉峯教授，陳教授長期投入森林保護運動，向宗教界闡述「保育天然林才是宗教界的積極護生」，

杜素芳（Drese drese），宋文生之妻，以開早餐店的收入，來支持家族的森林復育。
攝影 @ 李根政

興隆淨寺住持心淳法師（左）、陳玉峯教授（右），催生了天乙山的生態復育。

攝影 @ 李根政

同時正鼓吹由民間發起「購地補天、生態綠化」。在此因緣際會之下，心淳師父乃委託陳教授進行規畫，期將這20公頃土地復育為天然林，作為淨土宗自然道場。

陳玉峯教授乃經耆老之口訪，鄰近區域植被調查、考據研究等方法，了解該區未破壞前的原始植被，由其組成與環境，推估演替及相對穩定社會的大致情況，從而設計植栽，據以執行。在尊重自然本身復育能力之前提下，促進演替發生（例如種源），縮短演替時間。此即陳教授所說之「生態綠化」──即人工復育天然林之方法。

經調查後，了解天乙山全部土地皆屬人工植被，主要荔枝、龍眼、檳榔等果樹，還有柚木、麻竹等，由於土地經多次農林使用，且四周完全由人工植被所環繞，原始植被之種源欠缺的情形下，即令任其次生演替，雖百年亦不能達成成熟之低海拔闊葉林。

因此，陳教授在前述研究基礎下，依不同坡段設計植

天乙山一區是在果樹
間進行生態復育的造
林，初期須人工介入
除草撫育。
攝影 @ 李根政

栽物種，進行人工復育。

　　例如上坡為台灣櫸木、楓香、無患子、黃連木、台灣
石楠、烏皮九芎等；中坡為台灣栲、香楠等；下坡為大葉
楠、樹杞、軟毛柿等；溪谷則設計茄冬、幹花榕、山菜豆
等，有些植栽則從山頂迄溪谷皆適合，例如黃連木。

　　而現存之植被則依以下原則處理：原生植物全數保留
不予修剪；果樹、外來種剪除部分枝幹，增加透光度；除
造林植栽之挖穴、施肥等，地表及地中根系不予處理；多
次伐除竹叢，根系令其自然分解；禁用殺草、殺蟲劑、化
肥等；清除蔓澤蘭等外來殺手物種。

　　1999 年 4 月，以及 5 月母親節，陳教授開辦的環境佈

這裡是任其自然演替
的檳榔園，長出來的
大都為血桐等次生植
物。

攝影 @ 李根政

道師營隊，高雄和台南的學員，開始在天乙山陸續種上生
態綠化之種苗。

本區雖說平緩，但在崎嶇的坡地上植樹仍十分費力，
植樹之後的除草工作更是繁重，經幾次動員義工上山工作
之後，長達數年的除蔓工作皆由興隆寺委專工處理。

10 年過去了，天乙山上的生態綠化成果尚未進行全面
的覆查，但是，多樣的原生植栽在果樹間交錯著成長，一
座豐富多樣的森林指日可待（註 1）。

天乙山的生態綠化和林務局推動造林，思維和作法完
全不同。前者是以復育天然林為目標，尊重自然演替機
制，加上符合該地演替趨勢之輔助性造林；後者則是營造

虛線下方是達巴里蘭
復育區的範圍,標示
A以上者可見伐木遺
跡。
攝影 @ 李根政

單一樹種的人工林,以經濟林為導向,在不理會自然演替
以及漠視該地原生植被的情況下,強以人力植樹。

　　天乙山復育低海拔闊葉林的作法,可提供破壞嚴重、
天然種源欠缺的地區,從事山林復育的參考,陳教授之
「購地補天」、「生態復育」之構想,更可做為有心從事山
林復育的慈善機構、企業、私人一條正確的道路。

保育區內的九芎。
攝影 @ 李根政

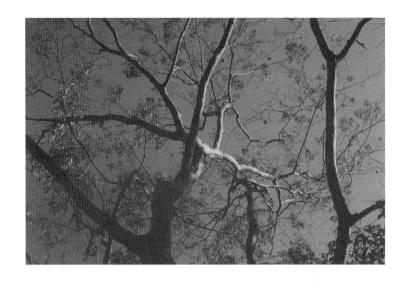

圖為山黃麻。
攝影 @ 李根政

獵人・生態學家・農人的森林

　　天乙山和達巴里蘭是企圖把耕地、果園復育為天然
林，一個從生態學研究及實證經驗出發，一個則從原住民

的生活經驗出發，但相同的是：**獵人的山林和生態學家的山林，都具有生物多樣性，多層次的植被，是真正能保護水土的森林。**獵人是生態系中的一環，如果獵人照顧好自己的獵場，確保獵物的多樣性且能夠生生不息，森林自然也得到保護。

反之，林業單位心中的森林，是農人的森林，是把樹木當成定期收穫的作物，因此「砍樹是為了種樹、種樹是為了要砍樹」是再正當不過的做法。

百年來，台灣山林的浩劫正是把漢人的農耕經驗用來經營山林，把樹木視為有價的木材，無止境的掠奪，而忽視其生態、文化以及永續的經濟價值。如今，山林的復育，不能再走錯誤的道路，誤以為營造人工林就是復育山林，而應該向原住民獵人、生態學家學習。

88 災後，朝野皆倡議國土復育，但對於「如何復育」這個議題不該只停留在空洞的原住民遷村、讓山林休養生息或造林等，天乙山和達巴里蘭之例或可提供政策省思。

宋家復育森林的作法是在林間空隙補植原生樹種。苗木是在當地採種育苗，樹種包括樟樹、櫸木等，這是從達巴里蘭所採取的「黃連木」種子。
攝影 @ 李根政

上、下：冬天保育區
內的森林樣貌

上、下攝影 @ 李根政

註1：有關天乙山生態綠化的文獻，係參考《嚴土熟生》，
興隆精舍淨土宗專修道場、台灣生態研究中心印行，
1998。以及《台灣植被誌第六卷，闊葉林（一）南橫專
冊》，陳玉峯著，前衛出版，2006。

第十二章

嘉義中埔
——檳榔園變森林

滿山遍野的檳榔是不是水土保持的殺手？都違法（規）嗎？可能要看每塊土地在法律上的編定，也要看種植的地點，管理的方式，不該一竿子打翻所有人。

簡單地說，檳榔不是原罪，重點是種在那裡？怎麼種？

在山坡地，把森林換成了檳榔，一定會大幅減少水土

壽命短、生命強韌的野牡丹是復育地強勢生長的樹種，它的新生與死亡將為森林演替初期的土壤帶來豐富的養分。
攝影 @ 呂翊齊

2013 年 1 月 21 日，透過公視柯金源導演的介紹，地球公民、台南社大楊國禎教授、公視一同前往中埔，見證曹榮旭先生 20 年前許下的山林夢。

攝影 @ 黃瑋隆

涵養、生物多樣、固碳的功能；而且，檳榔違法（規）種植的情形確實很嚴重，全台灣有超過 1 萬多公頃。多年來，政府處理檳榔違法種植成效不彰，直到 2014 年才啟動一個 3 年查處廢園的方案。但是，早在 20 年前，台灣民間已經走在政府前面，把自己家的檳榔園復育為森林。

曹榮旭——讓森林自己長回來

嘉義中埔，嘉義丘陵的邊緣地帶，漢人未開墾前，為低海拔淺山亞熱帶森林所盤據，但如今舉目望去盡是檳榔，原本超過 6,000 公頃，目前約 4,500 公頃。

「不到 20 年，什麼都不必做，森林就會自己回來！」家在中埔深坑村曹榮旭先生，童年記憶中後山，有一座供給全村灌溉所用的湧泉埤塘，被熱帶果樹以及香楠、相思樹等原生大樹包圍，但是從 60 年代開始，檳榔價格飛漲，村民在經濟誘因驅使下將森林剷平改種檳榔，曹先生家中

左、右：老檳榔樹
（圖右側高大直立的
部分）雖在，但園區
內大部分已被次生林
全面覆蓋。
左、右攝影 @ 傅志男

有塊祖傳的 8 公頃土地，海拔約 150 公尺，也栽植檳榔超
過 40 年之久。

　　20 年多前，地主曹榮旭先生有感於社會風氣的轉變，
不想愧對自己的良心，也希望能讓後代子孫在好的環境下
成長，於是決定將祖傳檳榔園棄耕還林，任由自然更新演
替。

　　曹先生的想法很簡單，砍掉檳榔換成小樹苗必須花費
成本和時間，對於初期水土保持也不見得有利，既然如此
何不乾脆相信自然演替的生命力呢？曹先生說：「原本這
只是自己試驗性的想法，沒想到短短數年間就有次生喬木
的小苗開始長出，約莫不到 10 年，蓊鬱的次生林便取代
了原本光禿單調的檳榔園風貌。自然修補土地的速度真是
驚人！」

　　楊國禎副教授說明了天然森林的演替機制，主要是藉

由風與動物幫助種子傳播，一開始快速占據的是草本植物，隨後嗜光、成長快速的次生樹木首先成林，等待壽命較長的耐蔭植物小苗成長取代原先的次生林之後，就會形成穩定的森林社會。這片 20 年生的天然次生林，樹冠層以白匏子、香楠、江某為主，平均高度達到 15 至 20 米，林下灌木、地被植物種類繁多，這證明了只要給自然時間，森林就會自己回來。次生林是邁向成熟（原始）森林的過渡階段，也是土地自我療癒的天然機制，從赤裸到豐饒，無聲卻強韌。

最初曹榮旭也曾被周遭鄰居取笑太過天真，但等環境變好之後，這裡不但變成社區營造的重點，也開始有人學習他買下土地進行自然復育，中埔鄉深坑村知名的景觀—鹿角埤生態園區，正是 2004 年曹先生把大埤無償提供出來，後來居民陸續響應，村民張水泉等人又捐了 6 公頃所

為了因應這裡凶猛的蚊蟲，戴良彬先生全副武裝地在工作，他主要是在拔除外來種的爬藤植物，蔓澤蘭。蔓澤蘭是廢耕地非常強勢的物種，往往把小樹苗纏勒覆蓋，難以成長。

攝影 @ 黃瑋隆

促成的。

「未來我希望這裡能成為自然教育的基地，讓台灣人體會土地自我療癒的強韌力量。」——曹榮旭。

戴良彬——科技人向自然學習，中埔東興村的森林復育

「董仔，你來這裡做什麼事業？」

後來，看到他每次來都在拔藤護樹，打招呼時才改口：「辛苦了。」

88 風災之後，在科技公司上班的戴良彬先生走訪了小林村，站在那發生悲劇的土地上，他想起了《千風之歌》。開始夢想著，假如在這坍塌地種滿樹，受難者將化做樹根、樹幹、樹葉，當樹開花時，他們將化成花變成果實而重生。

之後，他開始很認真的去學種樹，上了陳玉峯教授的

廢耕後不到幾年，
凍仔腳自然復育區，
喬木、灌木、草本
和爬藤等多樣化植
物已全面覆蓋。
攝影 @ 黃瑋隆

課，接觸到了「**土地公會種樹**」的概念。在一個因緣下，
買下了嘉義中埔東興村一片 16 公頃的檳榔園，地點比曹
先生的復育地，在八掌溪的更上游，距離深坑村約 15 分
鐘車程。

　　這片園子因為長期使用除草劑土壤生硬淺薄，剛開
始，他種植種了 1,000 棵本土植樹苗，結果只存活 2 成，
然而，天然下種的植物、樹苗卻長得又快又好，於是，戴
先生從種樹，改為觀察樹木植物的生長，加上少部分人為
介入。他說：每次看到原生的樹苗就會很激動，但當地人
卻說是這些雜木、垃圾樹、無用的樹，但實際上比他種的

自然落種的山黃麻，是森林中的先鋒喬木，不到3年就可以長超過3個人高。這棵山黃麻所生長的地方是88風災後的崩塌地。

攝影 @ 李根政

樹強韌多了。如今有人參觀，他不會想去介紹當時種下的1,000棵樹了。

不過，這裡有很強勢的外來種藤蔓，會把小樹覆蓋照不到陽光，而導致生長不良。砍除這些藤蔓是最耗體力和時間的工作。另外，如果原生樹木長大了，他也會把旁邊的檳榔砍除，以增加陽光。我去參訪的時候，森林復育的時間不到2年，但原先裸露的地表已被天然植物全面覆蓋（右圖），原生的喬木——山麻黃、香楠等都已超過2公尺以上。

「剛開始我把自己當作一隻猴子，是生態的一部分，那些人為的不公我可以介入，但每個物種在這都有自己的位置，生命自己會有出路。8年吧！我就要把這完全放生。」

戴先生復育森林的方式，得到很大的回報。經過初步的勘查，紀錄到73種植物，喬木37種，灌木13種，草本17種，藤本植物6種，其中原生種51種，特有種13種。除了多元的植物外，連下游聚落都明顯的感受到地下水變得豐沛許多。

隔著產業道路，戴先生園子旁，傳統耕種的檳榔園仍在使用著殺草劑，除了檳榔是綠的，地表都是枯死的草木；以小溪溝為界，隔壁的老伯，則參加了林務局的造林計畫，一片2公頃的檳榔園被全面伐除，種上茄冬、桃花心木等小苗領取造林補助，砍伐初期，邊種小樹苗還種上薑，因為要讓小樹苗可以長大，要不斷地除草，地表光禿禿的。這是經濟林的作法，只有1、2種樹木存活，多樣

化的原生樹木和灌木、草本等植被都得砍除。

根據在嘉義中埔一處廢耕檳榔園的研究顯示，2 個月內每平方公尺可發芽 7,000 餘顆草本、15 顆以上的次生喬木種苗，這證明了台灣自然復育的能力很強大（註 1）。這類的研究並不獨特罕見，多年來陳玉峯教授不斷倡議「**土地公比人會種樹**」，根據陳教授的實驗紀錄：台灣低海拔各植被型的表土平均每平方公尺隨時存有 1 萬粒可發芽的次生草本、灌木或喬木種子；以常見的次生喬木山黃麻為例，經過計算年產種子可超過 50 萬粒，天然生長速度 9 年可達 20 米高，胸周直徑可達 54 公分。

這些生態調查的基礎，再再提醒國人重視台灣土地擁有旺盛的自然生命力，往往比人為介入來得有用。如果，檳榔園廢園的目標是放在復育森林，或者發展多樣的林產品，戴先生尊重植物的自然演替，加上適度的人為介入，是值得觀察紀錄，甚至推廣的好案例。

在這復育中的山林，戴先生最樂道的奇妙經驗是，用斗笠收到一群約 2,000 隻的蜜蜂。他明白在這個山村，人們還是要生存，不可能都像他一樣不利用土地生產。對於山村農業的改革，他的構想是：設法兼顧農作與生態，在土地上保留一定數量或面積的原生樹木，由政府給了補助，這樣遠比獎勵造林好；可以補助割草取代除草劑；鼓勵多樣性種植，除了檳榔樹，也可以種果樹、開花植物，還可以養蜂，創造多元的收入。而最根本的，是要讓農民有生態概念，鼓勵社區營造，環境教育與生態觀光。

柯金源導演正在紀錄參加了林務局造林計畫的檳榔園，這裡的造林方法是把檳榔全部砍掉，然後種上林務局提供的苗木，這區種的是大葉桃花心木（外來種）。
（2013.1.21）
攝影 @ 傅志男

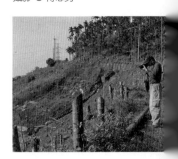

道路左邊是戴先生的
復育區，右邊則是使
用慣行農法的檳榔
園，為了節省除草人
力和資，噴灑除草
劑。

攝影 @ 李根政

凍仔腳檳榔林

天公伯會種樹啊

每一欉樹都有它的故事

每一個物種都有它的生態

凍仔腳的檳榔林

原來天公伯是祖靈來化身

——戴良彬的詩

扭轉政府獎勵的方向

為了檳榔違規行為，農委會在 2014–2017 年推動第一階段檳榔園的查處和廢園方案。要調查處理國有林班地、保安林地違法（規）種植檳榔，或者在山坡地林業用地、國土保安用地種植檳榔涉及超限利用違規；輔導山坡地農牧用地種植檳榔廢園轉作等，總目標為 10,770 公頃。

針對違規超限利用者，如果已「恢復自然植生」狀態，就解除列管。不符合「恢復自然植生」，則要僱工伐除違規作物後，再申請解除列管。

其中山坡地農牧用地，如果位於土石流潛勢溪流影響範圍及土石流潛勢溪流敏感區 3,000 公頃，及山坡地農牧用地 1,800 公頃，要執行廢園轉作，除轉作油茶外，依適地適作原則，必要時再選擇具山坡地保育效果之高經濟價值作物。農糧署以杜絕檳榔對健康危害名義推動轉作，每年公頃補助 5 萬元，連續補助 3 年（註 2）。林務局推薦的作物包括了：油茶、無患子、油柑、綠竹筍、新興柑桔、茶、芒果、番石榴、相思樹、楓香、牛樟及羅漢松等 12 項作物。

對於政府要積極處理檳榔問題，要給與正面的肯定，但廢園轉作的政策需要更細膩的規畫，砍掉檳榔轉作油茶樹等作物，等於是把山坡地再翻一次土。轉作之後的管理方式，如果還是使用除草劑的慣行農法，水土流失、環境的負面衝擊仍然存在。關於永續的山村經濟，農政單位應

該在符合亞熱帶台灣的生態條件下，鼓勵更多元的作物、栽培管理方式，發展森林副產品的經濟模式，兼顧生產利用和環境保育。

曹榮旭、戴良彬先生自力推動的復育方案，在當前氣候變遷不可逆的大趨勢下，很值得成為山坡地的保育輔導獎助的對象，鼓勵更多人民和企業積極參與台灣的山林復育。

本文寫作有賴楊國禎副教授的植物解說，部分內容參考改寫自地球公民基金會研究員呂翊齊、楊俊朗的文章和記錄。

小 檔 案

天然林、次生林、人工林

天然林，泛指未經人為之力，經由天然更新而形成的森林。包含完全未經人為干擾，林相結構趨於穩定的原始林；以及被破壞或造林失敗之後，重新生長演替的次生林。

人造林，由人工栽植或人工播種而形成之森林。

註 1：『低海拔廢耕檳榔坡地之研究 - 以嘉義縣中埔鄉三疊村為例』，南華大學蔡泳銓，2007。

註 2：農政與農情 2014 年 12 月，第 270 期「檳榔管理方案簡介」。
http://www.coa.gov.tw/ws.php?id=2502315&RWD_mode=N

第十三章
鎮西堡，與森林共存的原住民部落

鎮西堡部落行政區畫分在新竹縣尖石鄉，在馬告檜木國家公園預定範團的東南側。是石門水庫上游最深山的泰雅族部落，海拔約 1,700 公尺，可以說是台灣少數位於溫帶地區的部落，隔著塔克金溪（大漢溪的上游）和司馬庫斯部落遙遙相對，2 個部落主要的觀光資源即是檜木。

檜木神靈

鎮西堡的檜木林在馬望山和基那吉山之間，僅僅一天來回，人們可透過略有難度的生態步道，便得以親眼目睹那一棵棵數百或上千歲，高大壯麗、樹形各異的巨大生命，檜木森林有 4 至 5 層次，最高層的檜木及針葉樹可達 4–50 公尺，第 2 層針闊葉樹則 15–25 公尺之間，往下還有闊葉樹和灌木、草本、苔蘚等，樹上也有多種的附生或攀藤，多層多樣的原始森林令人陶醉，尤其看到只如芝麻粒大小且極輕薄的檜木種籽，竟能長成難以想像的大巨木，更會感受生命的奇蹟。

我們從不刻意砍伐或干擾檜木林，相反的，這片霧林

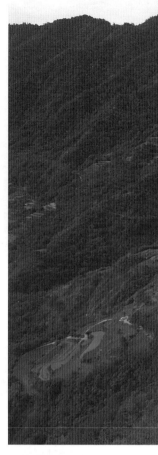

鎮西堡教會和散居的住家及梯田。
攝影 @ 吳其融

是族人、祖靈的原鄉。

　　紅檜與扁柏的巨木就是神靈，統稱為「**Ka-pa-rong**
烏 · 杜」，烏 · 杜就是神靈之意，也是 **Ga-Gar** 的一部
分。這是陳玉峯教授紀錄鎮西堡部落阿棟 · 優帕斯牧師
的一段話（註 1）。泰雅族人和檜木霧林之間，永恆而動人
的詩篇。阿棟牧師等泰雅族人正是基於這樣的信念，為了
守護著和族人共存的山林，有條件支持建立具有「共管機

只要稍有體能，便可
以循著部落所修繕的
生態步道，體驗和見
證檜木原始林。
前方的灌木是八角金
盤，我的同事正背著
年幼的孩子行走於步
道。
攝影 @ 李根政

制」的在馬告檜木國家公園，認為這是邁向自治的階梯。
如今，住在鎮西堡和司馬庫斯的許多族人仍然以「GAGA」
的精神守護著山林，他們自發的組織巡守隊，發展觀光的
同時，也試圖規範遊客的行為。

　　什麼是 GAGA ？我的學習和理解是：一部分好比漢
人所說的人和人之間的倫常，或者，舉頭三尺有神明的道
德規範。但泰雅族的 GAGA 包括人與人、人與土地關係
的行為規範，人在環境或使用自然資源的倫理，而且對族
人有很強的內外在約束力。森林、狩獵、河川、土地經營
都有 GAGA，生活中很細微的行為也都有 GAGA，如果不

隔著溪谷的對面，顏
色較淺的就是紅檜，
許多是巨木。
攝影 @ 李根政

遵守，會有上天的懲罰，心裡會怕。

　　1998年我開始參與搶救棲蘭檜木林運動時，主要是透過陳玉峯教授的文章、賴春標先生、陳月霞女士的影像來了解檜木林，從中產生了保護檜木林的動力，要到2000年才第一次從鎮西堡部落踏入這片原始森林，見證這群偉大的生靈，給我許多新的文化刺激和學習。進入檜木林中，主要是透過植物生態學家楊國禎副教授，泰雅族傳統知識生態專家依諾・尤命先生的解說和帶領和對話。

　　來自西方的植物生態學幫助我們有系統學習森林的結構、組成，物種分類等話知識系統。但就物種分類而言，

原住民的傳統知識，有些更為細緻，例如被分類為同種植物，泰雅族可以根據其差異，再細分為數種，這些分類與傳統的利用、觀察經驗的長期累積有關。

台灣有 4,000 多種的維管束植物，我能夠叫得出名字的不過數百種，但對這些植物的了解也僅止於皮毛，更不要說每個區域的生態系統及物種間的交互關係。不論是從日治以來奠下的植物生態學研究，或者原住民的傳統知識，都是一門學不完，觀察研究難盡的浩瀚領域，很希望有更多的人們投入學習和傳承。

然而，在 2003 年馬告國家公園預算凍結之後，我和同事開始關注淺山地帶的全民造林、伐木養菇等議題，便少有機會再度前去學習了解。

許多朋友以為我們的工作類似是遊山玩水，常有機會親近大自然。但事實上，我是標準的宅男，真正有事才會出門去外地勘查。

2017 年，我帶著同事重回了鎮西堡部落，和阿道‧優帕斯長老（基督教長老教會）、依諾 2 位老朋友在夜裡聊著關於森林的歷史，阿棟‧優帕斯牧師也前來相會，重溫了當年一起為保護森林努力的革命情感。

阿道說，在 1980 年前後，台灣正面臨著森林浩劫，念國中的他跟著爸爸到獵區（要走 1 天多）打獵，連續 2 年，連隻山羌也沒有。因為隔著塔克金溪，退輔會的棲蘭山林區 170 林道正在炸山開路、大肆砍伐原始森林──檜木林，每天約中午 11 點，就會進行大約 30 次的炸山爆破開

紅檜巨木的形象各異，但都壯麗，而且森林味道十分馨香。我曾到美國加洲的謬爾紅木國家紀念公園，看到高達數十近百公尺的巨大紅木，內心也是澎湃感動，但是，色彩、物種、

味道等就豐富程度而言，我認為台灣的檜木林大勝。

攝影 @ 李根政

道，中午吃飯，下午再用推土機把土石推落河道，巨大的聲響把動物都嚇跑了，而且把底下的檜木整片都打爛掉。

　　阿道長老說，小時候好期待看到山羌、山羊的樣子，但去了非常失望。這樣的描述，讓我一直聯想到宮崎峻的《魔法公主》中的場景。

上、右：在紅檜巨大
的量體下，人顯得渺
小，就千年為單位的
生命尺度而言，人又
何其短暫。
上、右攝影 @ 李根政

　　當時是大伐木時代的最高峰，林道已經從泰岡一路挺
進新光部落，正準備從鎮西堡的水源地，基那吉山下開路
到檜木群，但引起部落的強烈抵抗，才保住了森林。如今
的泰崗和新光部落到了冬季就會缺水，就是因為水源地的
森林被砍伐。

　　事實上，鎮西堡部落不僅抵抗國民黨政府的伐木，早
在日治時代，因為慘烈的抵抗，才延緩了日本伐木開發的
力量進入。

　　**從這個歷史觀點，台灣最早的森林保護運動，應該是
原住民對殖民政府的抵抗運動，而鎮西堡基於保護水源**

檜木林是台灣降雨量
最高的區域，蕨類相
關豐富。每一片葉子
都同嫩綠的勳章。
檜木林中的物種十分
豐富，是難以計量的
寶藏。

攝影 @ 李根政

地，對國民黨政府進行的反對伐木行動，應該載入史冊。

　　從這些故事我更能了解，為什麼鎮西堡部落和環保團體站在一起，反對退輔會的枯立倒木作業。

部落的光和影

　　2000 年後，部落開始和政府有較多的接觸和合作，但

雙方的作法還是有很大的差異。例如，現有往檜木的觀光步道，是依原有獵徑小幅修建，但林務局打算拓寬、建造管理處，遭到了部落的反對，才得以維持現有生態原貌。

2006 年，水土保持局為了消化石門水庫上游整治預算，打算在檜木林區的崩塌地，施作水泥工程，鎮西堡部落同樣捍然拒絕，因為他們了解森林的天然復育機制，反對水泥工程。如今，那片崩塌地已自然復育為赤楊樹為主的次生林，大自然自我療癒，完全不必工程介入。另外，他們也打算在塔克金溪支流的興建潛壩工程，同樣在鎮西堡部落的反對下無法興建，不僅保護了天然的溪流，更為納稅人省下 8,000 萬的經費。

但是，2012 年來自其他部落盜伐集團，曾經偷砍了鎮西堡的檜木；2014 年再發生來自其他部落的盜伐者，砍伐了 1 棵約 200 年的檜木和一塊樹瘤。這裡是屬於林務局新竹林管處的管理範圍，有巡山員例行性巡邏，但卻無力阻止盜伐，鎮西堡因應接連發生的盜伐事件，經過 6 次部落會議，決定在通往神木群的唯一道路上，設置關卡，宣示主權、維護森林。

當年 3 月 14 日，鎮西堡居民慎重的舉行了設立關卡立約儀式，邀集司馬庫斯、尖石鄉前山、桃園復興、宜蘭南澳、南投瑞岩、丹大、林務局等代表，結盟守護森林。在檜木林步道的入口實施夜間封路，由部落青年輪流守夜巡邏，特別留意下午 4 點以後的貨車，只要發現可疑的車輛，就在第一時間處理。

原住民部落和過去原本勢不兩立的林務局，共同結盟保護檜木林，這是台灣森林治理很重要歷史里程（註2）。

　　阿道長老說，這是他們的傳統領域，部落有權利參與經營管理，但檜木林、自然資源要與全民共享。不斷強調部落自律的重要性。

　　除了鎮西堡部落，許多原住民部落或家族，正透過自發性的力量守護山林與部落的永續發展。像司馬庫斯部落，以共同經營的模式，守護檜木林和發展觀光；致力屏東霧台達巴里蘭的宋家，自發性的復育保護了50公頃的山林；台東延平鄉鸞山村的布農族人阿力曼，籌資搶救部落上方原始榕樹巨木群，阻擋財團蓋靈骨塔、渡假村，以「環境信託」理念打造「森林博物館」，作為環境教育、文化重建、族群交流的平台，都是很動人的努力。

阿道長老這片平坦狹長的菜園，上方和下方，都是自然復育約20年的森林。謹慎的利用山坡地，保留林帶，這是鎮西堡正在推動的友善農法。

攝影 @ 李根政

然而，當代的原住民部落，並不是一個理想的烏拖邦，同一民族不同部落，甚至部落內容的作法或看法未必相同，有時我們會看到一些負面的新聞，除了我前面提到鎮西堡檜木遭到盜伐，或者 2006 年檢警破獲了司馬庫斯巨木群有多棵巨木遭人盜伐，發現是當地族人組織的盜伐集團所為，這些人甚至恐嚇其他積極守護森林的族人不得聲張（註 3），有些案例則是外來集團以毒品控制一些原住民進行盜伐。

　　有些人會因為看到上述的負面事件，會認為：原住民文化已經流失，要如何相信部落可以管好山林？

　　但我們要想想：台灣多元社會中，任一社群或族群都有正面或負面的力量，有光鮮亮麗，也有陰影。如果有好的國家體制，恢復原住民權利，找回傳統生態智慧，就可以讓更多原住民部落成為山林保育守護者，在大社會的支持下，就有機會讓更多正向的案例和力量擴散。而不可忽略的是，山區經濟和生存能否永續的課題。

與森林共存的農業

　　在自然資源豐沛的社區，發展觀光似乎是條兼顧環境永續的生存之道。然而，擁有豐沛的檜木觀光資源的鎮西堡和新光部落，並沒有把觀光當作唯一的生計來源，而是「農業為主，觀光為輔」。

　　自古以來，農業對就是部落主要的生存基礎，阿道‧優帕斯長老說：那些一天到晚跑去打獵的年青人，會被老

前方部落的農耕地，中間淺色的是人工種植的竹林、杉木、泡桐等經濟樹種；遠方深色的則是原始森林。

攝影 @ 李根政

人家批評是懶惰的人，沒有依節令去播種耕耘，到時候會讓家人挨餓。

　　20多年前，新光部落長老 LOSIN，開始帶頭轉做有機，影響了鎮西堡部落的阿道・優帕斯長老，接著帶動了整個部落中生代的農業轉型。根據內政部的調查統計，目前新光與鎮西堡兩個部落，有 22 個農戶取得有機認證，

而取得有機認證的農場面積達 32.82 公頃，佔全部農業使用土地面積之 21.5%（註 4）。然而，由於許多轉作有機栽培並未申請認證，所以實際面積更大。據了解，慣行農法反而只有少數幾戶。

他們栽培的多樣蔬菜例如青椒、高麗菜、芹菜，目前是供應主婦聯盟生活消費合作社、里仁，新北和桃園市學校的營養午餐，很受到歡迎，特別是在 6–8 月的高麗菜，位於中海拔的鎮西堡，剛好可以補淺山和平地的生產空檔。由於部落的產業可以提供生計，所以有 9 成的年輕人選擇留在部落。

鎮西堡的農業大約以 10 年為週期更換作物，80 年代種蘋果和香菇，蘋果在台灣加入 WTO 開放大量溫帶水果崩盤，香菇則被中國的廉價香菇打敗。那段期間，部落也需要砍伐楓香、殼斗科的樹木，做栽培段木香菇，這讓部落附近的森林有了損失，幸而部落內部有所自覺，透過部落會議確認在水源地不得砍伐森林；接著 90 年代是種水梨；2000 年左右種植水蜜桃，現在則是蔬菜為主。依諾·尤命的觀察經驗是，鎮西堡雨水多，不適合種水蜜桃，水梨、蘋果適合，但需要很多農藥；而對於林業，他的觀點是，經營人工林生產木材，收穫期太長，也不可能在原住民部落發展。

10 幾年間，部落除了發展有機農業，也在部落的農路兩側、邊坡和聯外道路有計畫地植樹，或者復育森林。長期致力於保護森林的族人，深知與森林共存的永續農業，

才是山坡地農業的解方，他們的目標不只是有機農業，而是友善農業，正在形成整個部落的植樹和復育行動。

在這片耕地旁，坡度較陡的地方，部落族人種下的「赤楊」，除了保護水土，也有固氮的作用。
攝影 @ 李根政

根據現場的考察和訪談，他們的作法有以下幾種：

一、部落內外的農路和道路兩旁，通常種植楓香，到了秋冬很具有觀賞價值。

二、山坡上的梯田，邊坡則是種赤楊，或者保留次生

林、種植少數柳杉，森林和農田交界處，會刻意種上幾棵蓮草，這種植物花的數量多，可以吸引很多昆蟲傳粉。值得一提的是，即使是在實施慣行農法的農地，邊坡上還是保留了樹木和小林子。

三、嘗試多樣化的作物。雖然現在的鎮西堡是以栽培有機蔬菜為主，但阿道也正嘗試種植多年生的奇異果。台灣原生奇異果——台灣羊桃，本就生長於部落的森林，果實略小，味道豐富，代表這裡可能適合栽培，甚至發展為在地的特殊產品。

四、休耕輪作，許多農地只種植一季的作物，最多兩季，讓土地休息。

五、保留水源地嚴格禁止任何開發。

鎮西堡、新光經過部落會議，決定成為依據區域計畫法畫定「原住民族特定區域計畫」，全國首例，且在 2018 年 5 月獲得通過。在規劃過程中，由部落族人指認部落取水之水源，需要進行災害管理的野溪兩側，限制人為建設使用，並且需維持排水暢通，保護部落的水源與安全；同時避開環境敏感區，預先規畫人口成長後所需的居住、農耕與公共設施用地。

特定區計畫可以依部落的發展需求和環境永續進行規劃，計畫過程納入傳統規範及在地知識，突破過去過於粗放、欠缺精細土地調查所進行的分區管制；施行過程以部落會議為主體，泰雅族的 GAGA 為最上位的規範，強化

森林和農田交界處，
部落農友會刻意種上
幾棵蓮草，這種植物
花的數量多，可以吸
引很多昆蟲傳粉。
攝影 @ 李根政

內部的自我約束，搭配國家公權力的賦權，透過部落共識，和國家的管制力量接軌，我們可以說，這是更為細緻可行的經營管理計畫。目前正在制定部落公約，也就是把GAGA 的文化轉為文字律法。

　　為了保護水源地，免於外界財團到水源地買地開發，部落要求對保護水源地，採取更比現行法律更嚴格的限制開發，以防堵現有相關法令的漏洞。他們的目標是維持水源地的原貌，也不允許私人財團登記水權。

　　然而，因為計畫範圍內的農業使用約 152.5 公頃，但有約 48 公頃土地位於林業用地，不符合目前的土地使用

管制規定，目前正在依法進行「異議覆查」重新確認是否可以變更為農牧用地，同時和部落協商和制定友善農業合法化的條件。

這些條件包括了：梯田的每階平台需有林木與植被保護邊坡，且混植不同樹種，邊坡以石塊疊砌而成；利用斜坡小面積種植甘薯、苧麻、小米等耐旱作物，以人工維護，不使用大型機具翻耕表土為原則；以「不使用化學除草劑」之有機農業，或傳統混農林種植方式為限。經部落會議同意後，可以採農業與造林輪作之計畫（註5）。

這並不是就地合法，有些更嚴格，有些鬆綁調整，而且如果有部落也願意接受特定區計畫，必須依個案另外再進行評估和審查，並非一體適用。**這和過去政商壓力下一再退讓，使得國土管制失守的情境完全不同，更深的歷史意涵是：和解的開始，山區治理真正的法治化。**

在這裡，我們看到許多年輕人回鄉成家，透過經營友善農業支撐一家人的生計，把人留在部落，也努力把環境照顧好。大漢溪——石門水庫上游的鎮西堡部落，自主的環境永續行動，遵循 GAGA 和當代政府體制接軌的努力，告訴我們原住民部落有能力化解發展和環境保護的矛盾，此時，很需要國家力量的支持。

鎮西堡的模式並非完美的終點，和森林依存的農業尚在模索前進中，重點在於我們看到在地的生產和生活者，為環境保育不懈怠的努力，政府應該好好參考，通盤擬定山地農業的處理政策。

鎮西堡的意思是「陽光升起照耀的地方」。阿道和拉哈·達利及孩子們趁著好天氣，從民宿房間拉出大棉被來晒。

攝影 @ 李根政

部落、社區參與山林的治理

　　台灣的國有林面積達 184 萬公頃，絕大部分與原住民傳統領域重疊，1998 年催生馬告（棲蘭）檜木國家公園運動，民間社會開始倡議原住民與國家公園的「共管機制」。這項倡議的認知基礎在於：百年來台灣山林開發破壞的根源，是來自日本和國民黨政權，原住民族是被剝奪權利的

阿道（左）依諾（中）
和我在陽光下合照留
影。

攝影 @ 李根政

受害群體，使用自然資源的權利應予恢復；另一方面，更
認知到廣大山區的保育，不可能只靠國家行使公權力，迫
切需要人民參與、社區部落協力。

　　從事森林保育運動近 20 年，實踐的時間越久，越發
現期待廣大的山林，單是靠國家權力去守護已是不可能的
任務，例如盜伐檜木、狩獵的問題，如果沒有部落或社區

圖8：鎮西堡與檜木林、伐木林道位置圖

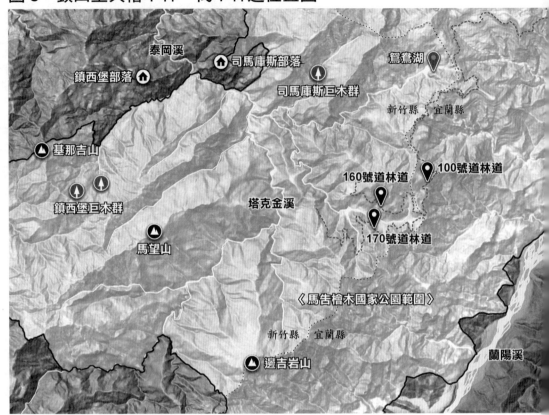

保育力量的合作，連查緝都有困難。

東華大學的環境經濟學者戴興盛教授曾為文指出：

台灣的自然資源治理是一個頭重腳輕、非常空虛的體系，國民無法參與決策、分享權利，但卻可以在國家管不到的山林海洋間肆意利用、破壞資源。

首要的第一步，是要逐步地將治理權限授權給適合的組織層級，透過授權，讓資源治理落實到政府無法、無力

圖8：鎮西堡部落在新竹縣尖石鄉，是石門水庫上游最深山的泰雅族部落，隔著塔克金溪（大漢溪、淡水河的上游）和司馬庫斯部落遙遙相對。

鎮西堡的檜木林在馬望山和基那吉山之間。

棲蘭160、170、100號林道就是退輔會森林開發處所開闢，就在塔克金溪的最上游砍伐檜木林。

如果不是森林運動的阻擋，170、160伐木林道將繼續延伸。

製圖：陳泉潽

觸及之處（註6）。

國家法律應是最後和最低的保育防線，但我們不可能事事都採取極端的管制手段，自然資源的良善治理必然要從「國家管制」走向「多元協力」，讓利害關係人從保護自己權利，資源的永續利用出發，依不同的區域和個案，透過和政府協商，界定權力範疇，得到社區和部落的認同且積極參與，才能達成「有效的治理」。

台灣在實踐原住民轉型正義，依法恢復原住民權利的步伐十分緩慢。猶記1999年民進黨陳水扁總統也曾在蘭嶼，與原住民各族群代表簽署了「原住民族與台灣政府的新伙伴關係」；2005年，原住民基本法通過，依法應與原住民建立共管機制的國家公園、國有林、國家風景區，至今所有事務的前進非常有限。

過去，我們對於原住民守護山林的想像，一種是國家雇用的巡守員，一種是義工。然而，事事都希望國家的經費支持，有其侷限；沒有考慮生計的保育工作，也不可能長久。

住在石門水庫下游的人們，在要求鎮西堡、新光、斯馬庫斯等水源地上游的部落，要負責保護森林和水源的同時，是否也該想想：我們要付出什麼？

關於原住民或社區參與自然資源經營管理的最大疑慮，就好比在戒嚴時代總有個說法：台灣人民的民主素養不夠，不配擁有民主。然而，民主是需要學習的，參與治理也需要學習。

圖9：誰來保護水源

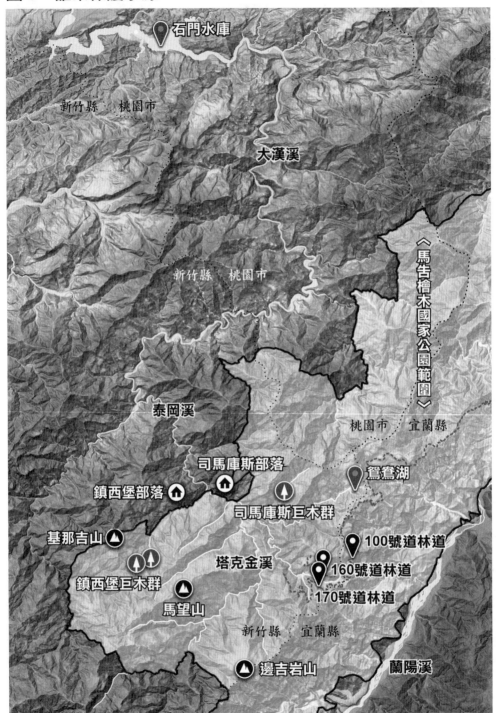

台灣山林百年紀

圖9：泰岡溪、塔克
金溪是大漢溪的最源
頭，而大漢溪是淡水
河最大的主流。淡水
河其他二大支流為新
店溪、基隆河。

製圖：陳泉潽

　　賦予部落和社區權力，學習管理公共資源，勢必是一條漫長的路，政府和民間都需要學習。而最重要的前提是資訊透明、社會參與對話，建立彼此的信任。

　　不過，政府畢竟扮演了資源分配的角色，不管是部落、社區的培力，環境補貼政策，都需要把錢花在對的地方。最重要的是：搭構原住民傳統生態智慧與生態學的橋樑，建立山林經營管理的實務共識，以原住民部落為主體，逐步賦予經營管理山林的權力，同步改革公務體系。

　　在氣候變遷的嚴肅挑戰之下，政府應該和最直接的利害關係方——原住民族、山居聚落，透過對話，相互理解，一起想辦法，共同協力治理。

　　與森林共存的鎮西堡部落，正在幫助台灣社會重新定位山林政策。

註1：摘錄自陳玉峯，2000。＜靈山神樹——馬告山與
Ka-pa-rong～以古老台灣后土的智慧，作新世紀新政府
的獻禮＞。
註2：＜我們的島＞第750集 盜木～鎮西堡事件簿 (2014
年 03 月 24 日) https://www.youtube.com/
watch?v=T0xPh_N4hzw
註3：2015年6月25日，〈盜伐司馬庫斯巨木，檢警逮
31名囂張山老鼠〉蘋果日報。http://www.appledaily.com.
tw/realtimenews/article/new/20150625/635683/
註4：內政部、原住民族委員會，2018 年 5 月。《原住

民族特定區域計畫 —泰雅族鎮西堡及斯馬庫斯部落 (草
案)》，頁 38。

註5：內政部、原住民族委員會，2018 年 5 月。《原住
民族特定區域計畫 —泰雅族鎮西堡及斯馬庫斯部落 (草
案)》，頁 69-70。

註6：引用自戴興盛，2016 年 08 月 26 日。＜治理阿爾
卑斯山：從牧草地到瑞士的共有資源典範＞，國家地理
雜 誌。http://www.natgeomedia.com/column/
external/48273

第十四章
台灣是森林小國？
第四次森林調查解讀

今天我們走入山區，多數的地方都是綠綠的，似乎都被森林所覆蓋。

到底，我們的森林覆蓋了多少比例的國土，森林的所有權歸屬於誰？

森林裡所生長的樹木，是針葉樹或是闊葉樹？每個國民平均分到的森林面積是多少？

這些是台灣森林的關鍵數字，必需要有科學的調查為基礎。

2017 年，林務局完成了台灣第四次森林調查，距離前次調查已經 20 多年之久。1954 年，在美國的援助下，中國農村復興委員會（簡稱農復會）成立森林資源及土地利用航測調查隊，以航空測量的方式，展開「台灣土地利用及森林資源調查」，1956 年完成了台灣第一次森林調查，該調查重點在伐木生產；第二次在 1977 年、第三次在 1993 年。不過，林務局說，由於前三次森林調查並未採用聯合國糧農組織（FAO）的定義和分類，因此，第四次森林調查不能和前三次完全進行比對。

第四次森林調查，可說是討論山林政策最重要的基礎資料。本次調查範圍含括林地和非林地中的森林（山坡地農牧地、平地農地上的森林），重點有 4 個：全國森林面積、資源現狀、建立森林資源監測系統、推估全國森林碳吸存量。

經過了百年伐木，台灣的森林還好嗎？以下是根據報告所摘要整理「關鍵數字」，希望有助於國人了解台灣森林的樣貌。

台灣有多少森林？

森林覆蓋國土 60.71%，面積 219 萬 7,090 公頃

第四次森林調查，森林的定義是依據聯合國糧農組織（FAO）：面積大於 0.5 公頃，樹高 5 公尺以上，樹冠覆蓋率 10% 以上，或於原生育地之林木成熟後符合前述條件，

圖 10：台灣植被海拔分布圖──中部為例

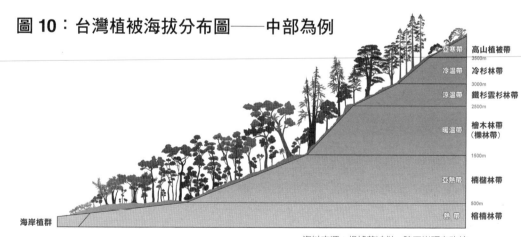

亞寒帶　高山植被帶
3500m
冷溫帶　冷杉林帶
3000m
涼溫帶　鐵杉雲杉林帶
2500m
暖溫帶　檜木林帶（櫟林帶）
1500m
亞熱帶　楠櫧林帶
500m
熱帶　榕楠林帶

海岸植群

資料來源：根據蘇鴻傑、陳玉峯研究改繪
製圖：吳宜瑾
地球公民基金會提供

但不包括供農作使用與都市使用之土地。依據這個定義，全國（含金門、連江縣）森林面積為 219 萬 7,090 公頃，相當於國土有 60.71% 被森林覆蓋，其中屬森林法定義之林地，面積 177 萬 6,250 公頃；林地以外之其他土地，森林覆蓋面積為 42 萬 840 公頃。

人均森林面積

台灣人均森林面積 0.092 公頃，全球排名第 183 名

每個國人分到的森林面積是 920 平方公尺，不到一分地。從這個角度看，台灣是森林小國，註定不可能靠木材生產輸出，一定是木材輸入國。但是，如果從生物多樣性的角度來看，台灣在動、植物特有種的比例方面卻可以算是個大國。

表 12：全島森林覆蓋面積（單位：公頃）

區位	總面積	森林覆蓋面積	覆蓋度
林地	1,991,145	1,776,250	89.9%
其他土地	1,627,851	420,840	25.65%
合計	3,618,996	2,197,090	60.71%

資料來源：林務局第四次森林調查（2017）

國有林、私有林占比

全台林地 92.7% 是國有林

全島林地總面積為 199 萬 1,145 公頃，依所有權屬區分，國有林 184 萬 7,758 公頃，占 92.7%；公有林 6,832

表 13：林地所有權屬面積（單位：公頃）

所有權屬	管理機關	林地面積
國有	林務局國有林事業區	1,553,956
	林務局事業區外林地	82,312
	國有財產屬	63,573
	原民會	111,128
	林業試驗所	11,273
	大專院校實驗林地	36,212
	其他	9,394
公有	縣市政府	6,815
私有		136,481
總計		1,991,145

資料來源：林務局第四次森林調查（2017）

公頃，占 0.3%；私有林 13 萬 6,555 公頃，占 6.8%。在國有林中，國有林事業區占 153 萬 5,060 公頃，原民會所轄原住民保留地之林地次之，為 11 萬 1,454 公頃。

闊葉林、針葉樹等各種森林的比例

闊葉樹林最多占 65.3%，針葉樹其次。

森林林型分類以闊葉樹林最多，計 143 萬 4,843 公頃，占 65.3%；針葉樹林計 30 萬 1,003 公頃，占 13.7%；針闊葉樹混淆林計 17 萬 2,186 公頃，占 7.8%，竹林計 13 萬 2,607 公頃，占 6%（如圖 11）。

生產木材的人工林有多少

生產性人工林 27 萬公頃，重啟林業的基礎。

FAO 將森林區分為「原生林
（Primary forests）」、「經改造天然
林（Modified natural forests）」、「半
天然林（Semi–natural forests）」、
「生產性人工林（Productive forest
plantations）」、「保護性人工林
（Protective forest plantations）」

調查結果顯示：經營使用分
類而言，原生林計有 110 萬 6,751
公頃，占 51％，經改造天然林則
有 60 萬 5,246 公頃，占 28％；生

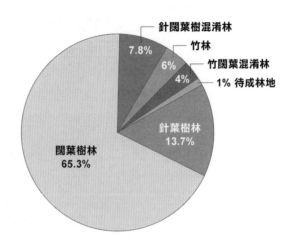

圖 11：森林林型分類比例

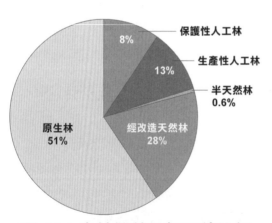

圖 12：森林經營分類面積比例

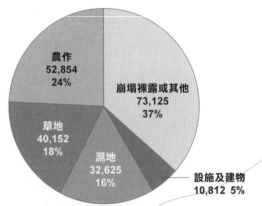

圖 13：林地非營林態樣面積比例

圖 11-13 資料來源：林務局第四次森林調查（2017）

產性人工林計 27 萬 606 公頃，占 13%，保護性人工林有 17 萬 398 公頃，占 8%（圖 12）。其中，27 萬公頃人工林，極有可能成為生產木材，重啟林業的基礎。

森林違規使用變農田有多少

5 萬多公頃林地變成農田——超限利用。

依據法律規定，本來應該有森林的「林地」，沒有森林覆蓋的面積 21 萬 7,266 公頃，占林地總面積之 10.7%，其中以崩塌裸露地最多，計有 7 萬 3,125 公頃；農田次之，為 5 萬 2,854 公頃，占了 24%，另草生地有 4 萬 152 公頃（圖 13）。其中，最難處理的是 5 萬多公頃變成農田的林地，依法要被取締，但困難重重。

關鍵評論

一、本次調查比第三次調查增加約 8 萬多公頃森林，覆蓋率從 58.5% 提升為 60.7%，增加的地方在國有林事業區外之山坡地與平地。林務局說是從 1996 年推動全民造林，以及從 2002 年推動平地景觀造林以來的成效。

但筆者認為：平地造林的解釋可能有道理，但全民造林有大量毀林再造林的情形，迄今沒有資料可以說明，多少土地造林前是屬於無林狀態。推測山坡地增加森林面積的原因，可能與農牧用地大量廢耕有關，第二點的數字可以提供參考。

二、台灣超過 9 成的林地是國家擁有，這是少有的特

性，北歐3國（芬蘭、瑞典以及挪威）60-70％的林地為私人所有，日本的私有林占比約為60％。台灣的獨特現象源自日本殖民統治，將絕大部分的山林原野除原住民保留地外，全部畫為國有，國民黨來台後則完全繼承。這些國有林地，有許多其實位於原住民生活的傳統領域，在歷史的轉型正義和自然資源的保育之間，如何磨合出一個永續的治理架構，是很大的挑戰。

三、調查資料顯示：在林地以外之山坡地，森林覆蓋率仍達36％，經套疊地籍資料顯示，山坡地之農牧用地現況為竹木覆蓋，而未實際從事農作使用者達17萬公頃，佔山坡地農牧用地面積之38.5％，其中可能包含廢棄農耕地逐漸演替為次生林者，或實際於農牧用地從事竹木產業經營者。

這17萬公頃森林，法律本允許開墾為農牧使用，但可能位於環境敏感區，也可能是殘存珍貴天然林，或有石虎等瀕危野生動物棲息地。應進一步調查，思考如何從環境補貼等法制，鼓勵友善環境的土地利用，混林農業，或許是本區可以鼓勵的作法。

四、森林蓄積部分，總蓄積量較先前第三次調查增加1.5億立方公尺，增加40.3％。意思是說，台灣的森林仍然持續在長大，但木材的蓄積量的增加，不代表都可以拿來生產木材，這是要很小心評估的數字。

五、27萬公頃生產性人工林，是目前林務局規畫要重啟林業的地區，很需要針對區位、林型、環境敏感程度等

營林條件進行調查，提出完整配套，一則化解人民對伐木的疑慮，二則才有永續經營的基礎。

六、根據台灣森林經營管理方案，台灣已經禁伐天然林，2016 年政黨輪替後農委會再度宣示禁伐天然林的政策。根據第四次森林調查的結果，台灣天然林面積達 162 萬 5,840 公頃，占森林面積的 74％。以經營使用分類，原生林計有 110 萬 6,751 公頃，占 51％，經改造天然林則有 60 萬 5,246 公頃，占 28％，合計則高達 79％，這 2 個數字對不起來，到底禁伐的範圍在那裡？又將如何執行？

七、全國公有林地（指依法登記為直轄市、縣 (市)、鄉 (鎮、市) 或公法人所有之森林）、私有林地面積約有 14 萬 4 千多公頃，如再加上以設定地上權，但尚未完成所有權移轉的國有原住民保留地，約有 26 萬 8 千公頃林地，可視為廣義的公、私有林。然而，調查成果顯示，目前土地使用現況為人工林或竹林者，僅約 9 萬餘公頃。這顯示有高比例的林地有超限利用轉作的問題，該如何面對？

第十五章

山林的未來、
公民的力量

合歡山
攝影 @ 李根政

砍伐原始森林對於島嶼的人們，造成的影響和時間，可能難以計算；經歷百年之後，台灣林業政策才真正啟動轉型；現在種下的台灣杉，50 年後才能收穫木材。這樣的時間尺度，說明了森林政策是多麼需要足夠的遠見。

此刻，正是台灣山林政策轉型的關鍵時刻。因為喊了幾十年的國土計畫終於通過，政府組織改造將做最後的定案，而第四次森林調查完成了，可以做為討論森林政策的基礎，加上第三次政黨輪替後，確認了天然林禁伐，加入了森林認證和里山倡議的政策方向。接下來，便是如何實踐的問題。

國土計畫能否建立新秩序？

「國土計畫法」經過民間與官方長達 23 年的推動，在 2015 年 12 月 18 日，第八屆立法院會期最後一天的晚間 10 點 12 分三讀通過，這是台灣重建國土發展秩序，邁向一個正常法治國家的契機，也可以說是莫拉克災後，台灣面對全球氣候變遷、糧食自給率等課題的正面回應，內政部宣稱這是台灣的國土從「開發時代進入管理時代」。

台灣的土地規畫，始於日治的「都市計畫」，開始在人口密集的地市城鎮地區，畫設商業、住宅、工廠、農業等使用，那就是國家的公權力開始有效治理的區域。

但是，廣大的非都市土地，卻一直到了 1974 年才公告實施了「區域計畫」，當年政府為了處理大量農地轉用，把都市計畫以外的土地，進行了分區和用地的編定，決定

88風災後，嘉義梅
山的檳榔園。

攝影 @ 何俊彥

那塊土地未來可以做為建築、農業、林業、交通、生態、
國土保安等用地，依此進行管制。這是很粗的區分，而
且，2000年通過區域計畫法修法，允許開發單位申請分區
變更，使得依原本不容許開發的個案，可以透過審議就可
以開發，這樣的「開發許可」制，等於開了合法的後門。
也因此，政治和利益輕易的介入了土地開發和炒作，造成
國土坑坑疤疤，混亂失序。

　　在新的國土計畫，將國土重新區分為「國土保育地

區」、「農業發展地區」、「海洋資源地區」及「城鄉發展地區」等四個分類。藉由分區分類落實不同強度的土地管理，一旦決定了分區，任何開發行為只能按照分區去申請許可，不能隨意變更分區。但是，國家社會是動態發展的狀態，因而還是保留未來發展需求，允許每 5 年通盤檢討一次調整分區。

森林保護運動的目標並非要求全面保存、凍結所有的土地利用，或者反對使用國產材。而是期望通過國土計畫，將林地分類為保育保安和經濟利用。依照目前已通過的全國國土計畫，國、公有林地，依永續使用及不妨礙國土保安原則，可以發展經濟營林、試驗實驗、森林遊樂等功能之地區，被畫為國土保育區第二類；可供經濟營林之林產業土地，且無國土保育地區劃設條件之山坡地宜林地，畫為農業發展區第三類，這些都是屬於經濟林可以發展的區位。未來，需要確認環境條件真正適合經濟林的土地，加上透明可問責的森林認證，發展具有環境、社會、經濟的永續的人工林，蓄積台灣的木材資源，提高合理的木材自給率，或者作為經貿、戰備之備援，萬一未來世代碰上了政治、氣候或經濟等極端情境，出現了砍伐天然林的聲音，也有緩衝的空間。

在全國國土計畫中，另一值得注意的森林問題是，目前都市計畫區內公私有保安林共計 4.3 萬公頃，按目前畫設標準，會有近 1 萬公頃被畫入高度發展導向的城鄉發展區第一類，而年畫入國保區第四類，未來極有可能在縣市

一片原始森林，不只是可以賣錢的檜木或者烏心石，而是一個生態系統。裡面有著成千上萬歧異繽紛的喬木、灌木、草本、藤本植物，相互依存的野生動物、昆蟲、微生物，更是供養人們生存所需的水資源、土壤、食物的來源，美感和心靈價值，文化藝術的養份更是難以計量……，每當想到百年伐木所失去的壯闊、多樣豐富的原始林，仍忍不住令人感傷、扼腕。台灣如何記取教訓，不再重蹈覆轍？

攝影 @ 呂翊齊

政府主導下進行開發。

而最為困難的挑戰是如何落實國土復育。國土計畫法的條文中，將指定「國土復育促進地區」來擬定復育促進計畫。這些地區包括了：土石流高潛勢地區，嚴重山崩、地滑地區，嚴重地層下陷地區，流域有生態環境劣化或安全之虞地區，生態環境已嚴重破壞退化地區，其他地質敏感或對國土保育有嚴重影響之地區。

在「國土復育促進地區」，必要時，得依法價購、徵收區內私有土地及合法土地改良物；但區內已有之聚落或建築設施，除非有立即明顯之危害，不得限制居住或強制遷居；如有涉及原住民族土地，應邀請原住民族部落參與計畫之擬定、執行與管理。如果確定有安全堪虞之地區，政府應研擬完善安置及配套計畫，並徵得居民同意後，於安全、適宜之土地，整體規畫合乎永續生態原則之聚落，予以安置，並協助居住、就業、就學、就養及保存其傳統文化。

法案也規定，政府在擬定復育計畫如涉及原住民族土地，畫定機關應邀請原住民族部落參與計畫之擬定、執行與管理。

為了辦理補償、研究、調查及土地利用之監測，違規查處、獎勵民眾檢舉，以及其他國土保育事項，設置了總額不得少於 500 億的「國土永續發展基金」。

這些制度設計，突顯立法確有其高度理想性。但是，由於國土計畫的分區畫設、國土復育計畫的擬定，涉及到

許多的主管機關，並非立法就能解決。「徒法不足以自行」，台灣許多國土問題並不在法律，而在執行層面，除了提供拆除經費或檢舉獎金補助以外，中央到底如何能促使地方政府執行計畫？

全國國土計畫已經在 2018 年 4 月底公告，接下來的2 年，將要完成縣市政府國土計畫，真正落到土地畫分，是否能夠建立權益平衡的配套制度，讓利害關係人接受；或者勉強畫設了分區，又無法落實執行，一切又回到權勢者利益爭奪野蠻遊戲？這是相當龐大的轉型工程，需要許多政策配套和更多的公民參與。

保育體制──林務局與國家公園的定位

台灣從 1991 年禁伐天然林，官營伐木事業結束後，林務局的業務已大幅轉向生態保育，但是，組織架構仍停留在過去的伐木時代，也因此衍生許多錯誤政策。行政院組織改造即將上路，林務局將轉型為環境資源部「森林暨保育署」，這標誌著殖民拓墾的大伐木時代遺緒正式終結，但令人惋惜的是，民進黨的組改方案，準備讓國家公園續留內政部，並沒有和林務局整合進入環境資源部。

國家公園面積約 31 萬公頃，超過 96％的土地和林務局主管的 161 萬多公頃國有林班地重疊；其他 4％的區域是台江、金門、東沙環礁、澎湖南方 4 島等 4 座國家公園。

問題是，林務局一旦轉型為「森林暨保育署」，就是全國的保育主管機關。但和堪稱國家保育指標的的國家公

園卻分屬兩個部會，將會延續事權分散、資源重覆投資、機關相互競爭的現狀，失去組改目的。

國家公園的設置，曾經在大開發的時代，發揮了保護台灣珍貴自然資源與人文史蹟的效果，即使在當代，仍是許多物種的諾亞方舟，不斷與開發的力量拔河著。不過，當1989年野生動物保育法通過，農委會成為保育的主管機關，加上隨後的天然林禁伐，這2個機關的業務和方向開始越來越重疊，林務局很想守著自己的領土，但是保守勢力延續著「森林一定要經營」的林業舊思維，讓民間社會難以信賴，保育力量持續國家公園擴張範圍。

這個拉鋸歷史中，最近的一次正是1998–2003年馬告檜木國家公園推動。但是，做為推動者之一，我們支持的是國家公園的保育體制，不是全面肯定國家公園的經營積效，部分國家公園處長淪為政治任用，不一定具有保育的理念和專業，營建工程也有過量過當，甚至貪污舞弊的問題。而近10年來，在保育業務的實際推動上，不如林務局的積極和努力，更有人批評，國家公園成了內政部的花瓶門面，甚至是高官的後花園。

前內政部葉俊榮部長，主張把國家公園留下來，實在欠缺足夠的遠見視野，令人感到一種舊時代領土之爭的餘溫。

今天，台灣的歷史走到了一個新的關口，林業萎縮到產值統計的意義接近「零」的狀態，國家再次宣布禁伐天然林，確認經濟林只在人工林區經營，在這個情況下，該

是彌合政府內部保育業務斷裂，因歷史因素分而治之的現況，以大的格局和視野，讓「森林與保育署」發揮應有的功能。

此外，台灣的保育系統包括了國家公園、國家自然公園、野生動物保護區、野生動物重要棲息環境、自然保育區等，相關法規和主管機關多頭馬車，加上區外的生態保育、社區與原住民部落的參與治理等重大轉型課題，都需要好好梳理。而台灣有超過 9 成以上屬國有林，這反應了殖民歷史的指標，但由於沒有大規模的私有化，也成為處理原住民、山林政策轉型正義的優勢，這是我的另類觀點。

山坡地的明智利用

回顧在大伐木時代的最高峰，曾經有高達高達 178 萬多公頃，占全台面積的 50％，被用做林業——生產木材用地。從砍伐原始森林，取得高價值的檜木，到推動林相變更、林相改良，把天然闊葉林改造柳杉等人工林，到以國土保安增加森林面積之名，實際上卻是伐木再造林的全民造林政策，這種破壞生態環境、經濟又難以持續的的錯誤模式，難以永續，必須被修正。

連帶的，現行的獎勵造林辦法，必需重新檢討，應該區分為經濟林和森林復育，甚至結合友善環境補貼政策，進行全盤的規畫，而這個問題勢必連動到山坡地的農業活動，在國土保安、保育和人民生計的拉扯下，如何追求永續發展。

民進黨的二次執政，提出天然林禁伐、經濟林認證，在林業政策上算是有所前進。但是，仍然推動許多反生態的工程建設，讓公民疲於奔命的進行抵抗運動，例如：民進黨政府開始推種的前瞻基礎建設，以水環境建議為名，將生機盎然的天然溪流，大規模改造為一片死寂的水泥溝渠；而位於台南的龍崎、高雄馬頭山掩埋場，雙溪水庫等新的開發案，都位於敏感特殊的山林土地。

　　同時，台灣許多的礦場都位於國有林班地，超過半世紀的礦業霸權尚未打破，環保團體和礦下居民正與政府、財團角力拔河，期望礦業修法能落實轉型正義。

　　至今，國家仍是山林破壞的最大力量，欠缺對過去百年開發有徹底的反省。

　　此外，清境地區等高山地帶失序的觀光發展，山區裡鏟平山頭興建露營區，正在演化出新型態的山林破壞；犯罪集團擁槍自重，雇用逃跑的外籍移工，從事珍貴樹木的盜伐，已成為林務局保護山林最大的挑戰。這些陳年或新興型態的山林破壞，涉及到產業政策、政府治理能力、法令制度，是相當複雜而困難的課題，很需要政府和民間社會共同努力。

　　從百年林業的經驗告訴我們：威權體制下不可能真正守護山林，專家治國可能產生嚴重錯誤。20多年來，我接受了環保運動、人權、民主、勞工運動的洗禮，在各種社群的學習交流中，更深刻理解到環境保護的作為，必需考量程序正義、人民的財產權和基本的生存權，**我們不可能**

依賴威權體制來保護山林，所有問題可能都會歸結到政治的良善治理和民主的深化。唯有社區保育力量，公民社會的茁壯，才能真正守護山林。

健全民主體制、守護山林

回顧台灣的森林保護運動，在許多的前輩和組織努力下，從解嚴之後，一步一步促成了天然林禁伐，林務局改制，阻止了棲蘭檜木林遭到破壞，扭轉了錯誤造林政策。

這正是公民社會存在的價值。

20多年前，我在參與催生柴山自然公園的過程中，深受啟蒙，學習到什麼是公民社會、環保運動。我認識有一位長輩——陳茂祥先生，自稱垃圾隊隊長，每天撿垃圾未曾間斷，至今每天都有像陳先生這樣的市民自動維護柴山的整潔；為了催生自然公園、阻止開發破壞，民間社會自力組織起來，從1991年開始舉辦各種自然人文歷史的教育活動，提升人民意識，向媒體揭露環境問題，邀請市民連署，對政府陳情、舉辦公聽會和論壇，對政府施加壓力的同時也逆向教育了官員，歷經20年努力，終於促成柴山國家自然公園的成立，這是我在高雄所見證的市民精神。

此外，90年代末期開始，興隆淨寺在甲仙天乙山、魯凱宋家人在屏東霧台，戴良彬、曹榮旭先生在嘉義中埔等地，不約而同地自力森林復育行動，鎮西堡等部落也自發

性的守護森林行動。這些是我見證的台灣美好，開創著由下而上森林保育的新典範，印證了公民社會是台灣真正生命力之所在。

幾個月前，宋文生來參加國土計畫的工作坊，他跟我說，今年是 20 多年來從事森林復育，第一次拿到林務局提供的 700 多棵的苗木，對政府願意轉向支持非官方版造林，透露出一種期待；此外，我也陪同林務局走訪了戴良彬先生的檳榔園，促進林務局思考生態造林、經濟造林應分別建立辦法；鎮西堡原住民特定區計畫，試圖保留部落發展空間與友善的土地利用，在政府與部落獲得共識後已經通過。

看到政府的友善回應，衷心期待台灣山林可以真的邁入復育和重建的新時代。

去年解嚴滿 31 年，我認為接下來的挑戰是：能否透過健全民主體制，凝聚社會共識；賦予人民更多的權力，強化社區保育力量；持續茁壯公民社會，不懈怠的監督、參與、動手做；和政府建立起相互信任的伙伴關係，讓民主深化，促進真正的良善治理，期待正在轉型中的山林政策，每跨一步都是建立新典範，不可或缺的是「人民的力量」。

家裡附近的柴山（壽山）是與我結緣最深的小山，這是一片面積約 1,200 公頃，天然復育的熱帶海岸林，從家中出發僅僅幾分鐘便可擺脫城市的喧囂，進入清幽安靜的聖地。即使已經走了這麼多年，眼前熟悉的風景仍處處示

現著奇蹟和驚喜，入了山，全身被豐富的林相植物所包圍，彷彿是浸潤在綠色海洋中，疲倦的身心得到洗滌，人生的挫折，也從這裡一步一步找回力量。這是一個都市人，平衡緊張焦慮現代生活的寶地。

然而，占國土面積 70％的山地，覆蓋國土 60％的森林，不僅於此，它是許多原住民安身立命的家園，珍貴的水源寶地，更是原住民族的聖地，無窮的知識寶庫，野生動植物及難以計數的生命居所，台灣精神文化的根。

我們須有更多人投入宏觀及區域山林開拓歷史的研究，進行林業、山地農業、山地開發、公共建設，原住民轉型正義等問題的實務研究，積極的在地實踐，促進利害關係人與社會的對話討論，建立符合歷史正義、社會公平、環境永續、經濟發展的山地政策。

這本書是我對台灣土地的報恩回饋，一部閱讀山林與行動的報告，但更是向社會求救，期待有更多人們在了解森林破壞史，森林保護的努力和觀點，謙卑地向大自然學習，思考每個人與山林的關係，共同關注山林。

我常說，參與環保運動是我融入台灣社會，建構一個台灣人的無形身分證的過程。但我不曾忘卻自己出生成長之地——金門。

這個曾經飽受戰爭摧殘的島嶼，國民黨和共產黨的軍隊在古寧頭激烈的交戰，雙方死傷慘重，國共兩軍的數萬亡靈皆是父母所生，但都成了孤魂野鬼，遺骸亂葬於此地的他鄉。如今金門卻是兩岸三通後熱鬧繁榮邊城，夾在專

制的中國、民主的台灣之間，角色身分十分尷尬。

半個多世紀後，通往古寧頭戰史館的戰備道，如今已成了茂密的森林小徑，我的祖先埋骨之地，曾經被圍在鐵絲網裡成了軍事重地，埋下了地雷以防敵人入侵，在國共關係緩和後，中華民國政府為了掃除地雷，清除了當初引進木麻黃林，這片土地在很短時間內，苦楝、烏桕、朴樹、桑椹等原生樹種，和木麻黃競相成長著，驚人的生命力，正快速抹去戰爭的痕跡。

就如攝影家薩爾加多在可怕的戰火中看到人性的醜惡，心靈嚴重受創，最後是回到老家巴西復育森林得到療癒重生。我也時常從植物向土壤扎根，向著天空吐出的新芽，在腐朽的老幹長出強壯的新枝，感受到新生的力量，心靈得到了療癒。

對我來說，台灣山林也曾受到如戰爭般的無情清洗，但正在邁向復育之路。我夢想著，在民主體制和高度的社會共識下，台灣山林得以永續長存，而人們可以不斷的從樹木森林中，開展出豐厚的文化，心靈得到力量。

本書陳述的觀點，不在於控訴，而是深信：每個人都是橋樑，可以轉化知識，影響和你有相同經驗的人，引起共鳴；傳播釋山溝通善意，連結身邊親朋好友，一起促成對話與改變。

山林的未來，取決於人民的意識和力量，轉變必須從你我開始。

本書版稅捐助地球公民基金會，從事保護山林國土的研究與行動。

　　地球公民基金會是推展環境保護的公益團體，結合地球公民協會與台灣環境行動網，於 2010 年由 174 位捐款人捐助基金，登記立案為財團法人，是台灣第一個透過大眾募款成立的環保基金會。

　　目前，地球公民基金會在高雄市、台北市、花蓮市設有辦公室。我們透過調查研究、揭露環境問題，提出解決方案，並據以進行政策施壓、國會遊說、教育推廣等，期望能善盡地球公民之責任。

　　地球公民關注的議題是「山林國土、能源、工業污染、花東」，我們深信：專業的環保團體＋公民行動，是改變世界的最大動力，希望持續連結各種社會力，改變法令政策，以各種行動帶來正面的改變！

地球公民
Citizen of the Earth ,Taiwan

〈柴山小徑〉，水墨。李根政，1996。